"双一流"建设精品出版工程
"十三五"国家重点出版物出版规划项目
航天先进技术研究与应用/电子与信息工程系列

U0181171

# 数字电路创新实验与综合设计教程

DIGITAL CIRCUIT INNOVATION EXPERIMENT AND
COMPREHENSIVE DESIGN COURSE

刘金龙　侯成宇　主编

冀振元　主审

哈爾濱工業大學出版社
HARBIN INSTITUTE OF TECHNOLOGY PRESS

## 内容简介

本书分为 3 章,第 1 章是数字电路实验基础知识,主要介绍数字集成电路的分类、特点和数字电路实验相关基本操作等;第 2 章是基本实验,共安排了 2 个实验内容和 2 个实验工具;第 3 章是实验设计,安排了 17 个经典实验。本书的内容编排注重结合数字电路的工程应用实际和技术发展方向,在帮助学生验证、消化和巩固基础理论的同时,努力培养学生的工程素养和创新能力。实验原理部分注意引导学生理解数字集成电路的构成原理、电气特性和实际应用,培养学生的工程意识;实验内容安排由浅入深、循序渐进、前后呼应,在配合理论教学的同时,注意引导学生运用所学知识解决工程实际问题;在思考题的设计上注重进一步引导学生分析和思考工程实际问题,激发学生的创新思维。

本书可作为高等学校电子信息类、计算机类"电子技术基础实验""数字电子电路实验"等课程的教材,也可供相关工程技术人员、教师和学生参考。

**图书在版编目(CIP)数据**

数字电路创新实验与综合设计教程/刘金龙,侯成宇主编. —哈尔滨:哈尔滨工业大学出版社,2021.8

ISBN 978-7-5603-9318-6

Ⅰ.①数…　Ⅱ.①刘…②侯…　Ⅲ.①数字电路－高等学校－教材　Ⅳ.①TN79

中国版本图书馆 CIP 数据核字(2021)第 016869 号

策划编辑　许雅莹
责任编辑　王会丽　庞亭亭
封面设计　屈　佳
出版发行　哈尔滨工业大学出版社
社　　址　哈尔滨市南岗区复华四道街 10 号　邮编 150006
传　　真　0451－86414749
网　　址　http://hitpress.hit.edu.cn
印　　刷　黑龙江艺德印刷有限责任公司
开　　本　787mm×1092mm　1/16　印张 8.5　字数 209 千字
版　　次　2021 年 8 月第 1 版　2021 年 8 月第 1 次印刷
书　　号　ISBN 978-7-5603-9318-6
定　　价　22.00 元

# 前　言

## PREFACE

　　"数字电路综合设计"是电子、信息、雷达、通信、测控、计算机、电力系统及自动化等电类专业和机电一体化等非电类专业的一门重要的专业基础课,具有较强的理论性和工程实践性。数字电子技术实验是"数字电路与逻辑设计"课程的实践教学环节。本书是在总结多年数字电子技术实践教学改革经验的基础上,综合考虑了理论课程特点和技术发展趋势,为适应当前创新型人才培养目标要求而编写的。本书从本科学生实践技能和创新意识的早期培养着手,注重结合数字电路的工程应用实际和发展方向,在帮助学生验证、消化和巩固基础理论的同时,注意引导学生思考和解决工程实际问题,激发学生的创新思维,培养学生的工程素养和创新能力,促进学生"知识""能力"水平的提高和"综合素质"的培养。

　　作为数字电子技术实验课的选用教材,内容设置是否科学合理将在一定程度上影响实验课的教学质量和教学效果。本书编写的特点是从基础性、验证性实验到综合性、创新性实验,由浅入深、循序渐进、层次分明。基础性、验证性实验配合理论教学,帮助学生建立对理论知识的感性认识,促进理论学习;综合性、创新性实验引导学生学习数字电路系统的设计思路和设计方法,检验和培养学生综合运用所学知识来分析、解决工程实际问题的能力,提高学生的工程素养,激发其创新思维。

　　本书各章节及各章节的实验既循序渐进又相对独立,方便教师根据学生情况和教学需要选择不同教学内容。

　　本书编写过程中,吴芝路教授、尹振东教授、杨柱天副教授提出了许多宝贵的意见和建议,在此表示衷心感谢!

　　由于编者水平有限,时间紧任务重,书中不妥之处恳请读者批评指正。

编　者
2021 年 4 月

# 目　　录

## CONTENTS

# 第 1 章

# 概　　述

"数字电路综合设计"是一门实践性很强的专业基础课,实验是数字逻辑电路课程重要的教学环节。学生通过实验可对数字集成电路从外形到功能有感性认识,并通过从简单到复杂的数字逻辑设计,提高逻辑设计、实践、验证及排错能力,加深对课堂所学知识的理解。

## 1.1　数字集成电路的分类、特点及注意问题

当今,数字电路几乎已完全集成化。因此,充分掌握和正确使用数字集成电路,用以构成数字逻辑系统,就成为数字电子技术的核心内容之一。

集成电路按集成度可分为小规模、中规模、大规模和超大规模等。小规模集成电路(SSI)的集成度为 1~10 个门/片,通常为逻辑单元电路,如逻辑门、触发器等;中规模集成电路(MSI)的集成度为 10~100 门/片,通常是逻辑功能电路,如译码器、数据选择器、计数器、寄存器等;大规模集成电路(LSI)的集成度为 100 门/片以上;超大规模集成电路(VLSI)的集成度为 1 000 门/片以上,通常是一个小的数字逻辑系统。现已制成规模更大的极大规模集成电路。

数字集成电路还可分为双极型集成电路和单极型集成电路两种。双极型集成电路中有代表性的是晶体管-晶体管逻辑(Transistor-Transistor Logic,TTL)电路;单极型集成电路中有代表性的是互补金属氧化物半导体(Complementary Metal Oxide Semiconductor,CMOS)电路。国产 TTL 集成电路的标准系列为 CT54/74 系列或 CT0000 系列,其功能和外引线排列与国际 54/74 系列相同。国产 CMOS 集成电路主要为 CC(CH)4000 系列,其功能和外引线排列与国际 CD4000 系列相对应。高速 CMOS 系列中,74HC 和 74HCT 系列与 TTL74 系列相对应,74HC4000 系列与 CC4000 系列相对应。

必须正确了解集成电路参数的意义和数值,并按规定使用。特别是必须严格遵守极限参数的限定,因为即使瞬间超出,也会使器件遭受损坏。

**1. TTL 器件的特点**

(1)输入端一般有钳位二极管,减少了反射干扰的影响。

(2)输出电阻低,增强了带容性负载的能力。

(3)有较大的噪声容限。

(4)采用+5 V 的电源供电。

为了正常发挥器件的功能,应使器件在推荐的条件下工作,对 CT0000 系列(74LS 系

列)器件,主要条件有:

(1)电源电压应在 4.75～5.25 V 的范围内。

(2)环境温度为 0～70 ℃。

(3)高电平输入电压 $V_{IH}>2$ V,低电平输入电压 $V_{IL}<0.8$ V。

(4)输出电流应小于最大推荐值(查手册)。

(5)工作频率不能高,一般的门和触发器的最高工作频率为 30 MHz 左右。

**2. TTL 器件使用注意问题**

(1)电源电压应严格保持在 $(1\pm10\%)\times5$ V 的范围内,过高易损坏器件,过低则不能正常工作,实验中一般采用稳定性好、内阻小的直流稳压电源。使用时,应特别注意电源与地线不能错接,否则会因过大电流而造成器件损坏。

(2)多余输入端最好不要悬空,虽然悬空相当于高电平,并不能影响与门(与非门)的逻辑功能,但悬空时易受干扰,为此,与门、与非门多余输入端可直接接到 $V_{CC}$ 上,或通过一个公用电阻(几千欧)接到 $V_{CC}$ 上。若前级驱动能力强,则可将多余输入端与使用端并接,不用的或门、或非门输入端直接接地,与或非门不用的与门输入端至少有一个要直接接地,带有扩展端的门电路,其扩展端不允许直接接电源。若输入端通过电阻接地,电阻值的大小将直接影响电路所处的状态。当 $R\leqslant680$ Ω 时,输入端相当于逻辑"0";当 $R\geqslant4.7$ kΩ 时,输入端相当于逻辑"1"。对于不同系列的器件,要求的阻值不同。

(3)输出端不允许直接接电源或接地,有时为了使后级电路获得较高的输出电平,允许输出端通过电阻 $R$ 接至 $V_{CC}$,一般取 $R=3\sim5.1$ kΩ;不允许直接并联使用(集电极开路门和三态门除外)。

(4)应考虑电路的负载能力(即扇出系数),要留有余地,以免影响电路的正常工作。扇出系数可通过查阅器件手册或计算获得。

(5)在高频工作时,应通过缩短引线、屏蔽干扰源等措施,抑制电流的尖峰干扰。

**3. CMOS 数字集成电路的特点**

(1)静态功耗低。电源电压 $V_{DD}=5$ V 的中规模电路的静态功耗小于 100 $\mu$W,从而有利于提高集成度和封装密度,降低成本,减小电源功耗。

(2)电源电压范围宽。4000 系列 CMOS 集成电路的电源电压范围为 3～18 V,从而使选择电源的余地大,电源设计要求低。

(3)输入阻抗高。正常工作的 CMOS 集成电路,其输入端保护二极管处于反偏状态,直流输入阻抗可大于 100 MΩ,在工作频率较高时,应考虑输入电容的影响。

(4)扇出能力强。在低频工作时,一个输出端可驱动 50 个以上的 CMOS 集成电路的输入端,这主要因为 CMOS 集成电路的输入电阻高。

(5)抗干扰能力强。CMOS 集成电路的电压噪声容限可达电源电压的 45%,而且高电平和低电平的噪声容限值基本相等。

(6)逻辑摆幅大。空载时,输出高电平 $V_{OH}>(V_{DD}-0.05$ V),输出低电平 $V_{OL}<(V_{SS}+0.05$ V)。

CMOS 集成电路还有较好的温度稳定性和较强的抗辐射能力。不足之处是,一般

CMOS 集成电路的工作速度比 TTL 集成电路低,功耗随工作频率的升高而显著增大。

CMOS 集成电路的输入端和 $V_{SS}$ 之间接有保护二极管,除了电平变换器等一些接口电路外,输入端和正电源 $V_{DD}$ 之间也接有保护二极管,因此,在正常运转和焊接 CMOS 集成电路时,一般不会因感应电荷而损坏器件。但是,在使用 CMOS 数字集成电路时,输入信号的低电平不能低于($V_{SS}-0.5$ V),除某些接口电路外,输入信号的高电平不得高于($V_{DD}+0.5$ V),否则可能引起保护二极管导通甚至损坏,进而可能使输入级损坏。

**4. CMOS 集成电路使用注意事项**

(1)电源连接和选择。$V_{DD}$ 端接电源正极,$V_{SS}$ 端接电源负极(地)。绝对不许接错,否则器件会因电流过大而损坏。对于电源电压范围为 3～18 V 系列器件,如 CC4000 系列,实验中 $V_{DD}$ 通常接 +5 V 电源。$V_{DD}$ 电压选在电源变化范围的中间值,例如电源电压在 8～12 V 之间变化,则选择 $V_{DD}=10$ V 较恰当。CMOS 集成电路在不同的 $V_{DD}$ 值下工作时,其输出阻抗、工作速度和功耗等参数都有所变化,设计中须考虑。

(2)输入端处理。多余输入端不能悬空。应按逻辑要求接 $V_{DD}$ 或接 $V_{SS}$,以免受干扰造成逻辑混乱,甚至损坏器件。对于工作速度要求不高,而要求增加带负载能力时,可把输入端并联使用。

对于安装在印刷电路板上的 CMOS 集成电路,为了避免输入端悬空,在电路板的输入端应接入限流电阻 $R_P$ 和保护电阻 $R$,当 $V_{DD}=+5$ V 时,$R_P$ 取 5.1 k$\Omega$,$R$ 一般取 100 k$\Omega$～1 M$\Omega$。

(3)输出端处理。输出端不允许直接接 $V_{DD}$ 或 $V_{SS}$,否则将导致器件损坏。除三态(TS)器件外,不允许两个不同芯片输出端并联使用,但有时为了增加驱动能力,同一芯片上的输出端可以并联。

(4)对输入信号 $V_I$ 的要求。$V_I$ 的高电平 $V_{IH}<V_D$,$V_I$ 的低电平 $V_{IL}$ 小于电路系统允许的低电压;当器件 $V_{DD}$ 端未接通电源时,不允许信号输入,否则将使输入端保护电路中的二极管损坏。

# 1.2　集成电路外引线的识别

使用集成电路前,必须认真查对识别集成电路的引脚,确认电源、地、输入、输出、控制等端的引脚号,以免因接错而损坏器件。引脚排列的一般规律如下。

(1)圆形集成电路。识别时,面向引脚正视,从定位销顺时针方向依次为 1,2,3,…,如图 1.1(a)所示。圆形多用于集成运放等电路。

(2)扁平型和双列直插型集成电路。识别时,将文字、符号标记正放(一般集成电路上有一圆点或有一缺口,将圆点或缺口置于左方),由顶部俯视,从左下脚起,按逆时针方向数,依次为 1,2,3,…,如图 1.1(b)所示。在标准形 TTL 集成电路中,电源端 $V_{CC}$ 一般排列在左上端,接地端 GND 一般排在右下端,如 74LS00 为 14 脚芯片,14 脚为 $V_{CC}$,7 脚为 GND。若集成电路芯片引脚上的功能标号为 NC,则表示该引脚为空脚,与内部电路不连接。扁平型多用于数字集成电路,双列直插型广泛用于模拟和数字集成电路。

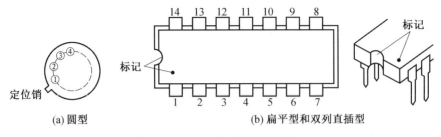

图 1.1　集成电路外引线的识别

# 1.3　数字逻辑电路的测试方法

**1. 组合逻辑电路的测试**

组合逻辑电路测试的目的是验证其逻辑功能是否符合设计要求,也就是验证其输出与输入的关系是否与真值表相符。

(1)静态测试。静态测试是在电路静止状态下测试输出与输入的关系。将输入端分别接到逻辑电平开关上,用电平显示灯分别显示各输入和输出端的状态。按真值表将输入信号一组一组地依次送入被测电路,测出相应的输出状态,与真值表相比较,借以判断此组合逻辑电路静态工作是否正常。

(2)动态测试。动态测试是测量组合逻辑电路的频率响应。在输入端加上周期性信号,用示波器观察输入、输出波形。测出与真值表相符的最高输入脉冲频率。

**2. 时序逻辑电路的测试**

时序逻辑电路测试的目的是验证其状态的转换是否与状态图或时序图相符合。可用电平显示灯、数码管或示波器等观察输出状态的变化。常用的测试方法有两种,一种是单拍工作方式,以单脉冲源作为时钟脉冲,逐拍进行观测,来判断输出状态的转换是否与状态图相符;另一种是连续工作方式,以连续脉冲源作为时钟脉冲,用示波器观察波形,来判断输出波形是否与时序图相符。

# 1.4　数字电路实验的基本过程

数字电路实验的基本过程应包括确定实验内容、选定最佳的实验方法和实验线路、拟出较好的实验步骤、合理选择仪器设备和元器件、进行连接安装和调试、写出完整的实验报告。

在进行数字电路实验时,充分掌握和正确利用集成器件及其构成的数字电路独有的特点和规律,可以起到事半功倍的效果。对于完成每一个实验,应做好实验预习、实验记录和实验报告等环节。

**1. 实验预习**

认真预习是做好实验的关键。预习好坏,不仅关系到实验能否顺利进行,而且直接影响实验效果。预习应按本教材的实验预习要求进行,在每次实验前首先要认真复习有关实验的基本原理,掌握有关器件的使用方法,对如何着手实验做到心中有数。在有条件的情况下利用仿真软件对所预习的实验内容进行验证,以保证所预习设计的内容正确,这样不但可拓宽设计思路,也可大大节省实际在实验室操作的时间和排错的时间,提高实验效率。通过预习还应做好实验前的准备,写出一份预习报告,预习报告应包括如下内容。

(1)绘出设计好的实验电路图,该图应该是逻辑图和连线图的混合,既便于连接线,又反映电路原理,并在图上标出元器件型号、使用的引脚号及元器件数值,必要时还须用文字说明。若逻辑设计采用硬件描述语言,则须给出源程序及必要的文字说明。

(2)拟定实验方法和步骤。

(3)拟好记录实验数据的表格和波形坐标,并记录预习的理论值。

(4)列出元器件清单。

**2. 实验记录**

实验记录是实验过程中获得的第一手资料。测试过程中所测试的数据和波形必须和理论基本一致,所以记录必须清楚、合理、正确,若不正确,则要现场及时重复测试,找出原因。实验记录应包括如下内容。

(1)实验任务、名称及内容。

(2)实验数据和波形以及实验中出现的现象,从记录中应能初步判断实验的正确性。

(3)记录波形时,应注意输入、输出波形的时间相位关系,在坐标中上下对齐。

(4)实验中实际使用的仪器型号和编号以及元器件使用情况。

**3. 实验报告**

实验报告是培养学生科学实验的总结能力和分析思维能力的有效手段,也是一项重要的基本功训练,它能很好地巩固实验成果,加深对基本理论的认识和理解,从而进一步扩大知识面。实验报告是一份技术总结,要求文字简洁,内容清楚,图表工整。

报告内容应包括实验目的、实验内容和结果、实验使用仪器和元器件,以及分析讨论等,其中实验内容和结果是报告的主要部分,它应包括实际完成的全部实验,并且要按实验任务逐个书写,每个实验任务应有如下内容。

(1)实验课题的方框图、逻辑图(或测试电路)、状态图、真值表及文字说明等。对于设计性课题,还应有整个设计过程和关键的设计技巧说明。

(2)实验记录和经过整理的数据、表格、曲线和波形图。其中表格、曲线和波形图应充分利用专用实验报告简易坐标格、三角板、曲线板等工具描绘,力求画得准确,不得随手示意画出。

(3)实验结果分析、讨论及结论。对讨论的范围,没有严格要求,一般应对重要的实验现象、结论加以讨论,以便进一步加深理解。此外,对实验中的异常现象,可做一些简要说明,实验中有何收获,可谈一些心得体会。

# 1.5 数字电路实验中操作规范和常见故障检查方法

**1. 操作规范**

实验中操作的正确与否对实验结果影响甚大。因此,实验者需要注意按以下规程进行。

(1)搭接实验电路前,应对仪器设备进行必要的检查校准。针对导线是否导通,可用万用表进行测量;针对所用集成电路是否完好,可搭接简单电路进行功能测试。

(2)搭接电路时,应遵循正确的布线原则和操作步骤(即要按照先接线后通电,做完后,先断电再拆线的步骤)。

(3)掌握科学的调试方法,有效地分析并检查故障,以确保电路工作稳定可靠。

(4)仔细观察实验现象,完整准确地记录实验数据并与理论值进行比较分析。

(5)实验完毕,经指导教师同意后,方可关断电源拆除连线,整理好放在实验箱内,并将实验台清理干净、摆放整洁。

**2. 布线原则**

布线原则是指应便于检查、排除故障和更换元器件。在数字电路实验中,由错误布线引起的故障,常占很大比例。布线错误不仅会引起电路故障,严重时甚至会损坏元器件,因此,注意布线的合理性和科学性是十分必要的,正确的布线原则大致有以下几点。

(1)接插集成电路芯片时,先校准两排引脚,使之与实验底板上的插孔对应,轻轻用力将芯片插上,然后在确定引脚与插孔完全吻合后,再稍用力将其插紧,以免集成电路的引脚弯曲、折断或者接触不良。

(2)不允许将集成电路芯片方向插反。一般 IC 芯片的方向是缺口(或标记)朝左,引脚序号从左下方的第一个引脚开始,按逆时针方向依次递增至左上方的第一个引脚。

(3)布线时,最好采用各种色线以区别不同用途,如电源线用红色,地线用黑色。

(4)布线应有秩序地进行,随意乱接容易造成漏接错接。较好的方法是首先接好固定电平点,如电源线、地线、门电路闲置输入端、触发器异步置位复位端等;其次,再按信号源的顺序从输入到输出依次布线。

(5)连线应避免过长、避免从集成元器件上方跨接、避免过多的重叠交错,以利于布线、更换元器件及故障检查和排除。

(6)当实验电路的规模较大时,应注意集成器件的合理布局,以便得到最佳布线。布线时,顺便对单个集成器件进行功能测试。这是一种良好的习惯,这样做不会增加布线工作量。

(7)应当指出,布线和调试工作是不能截然分开的,往往需要交替进行,针对元器件很多的大型实验,可将总电路按功能划分为若干相对独立的部分,逐个布线、调试(分调),然后将各部分连接起来(联调)。

**3. 故障检查**

实验中,如果电路不能完成预定的逻辑功能,就称电路有故障,产生故障的原因大致可以归纳为以下四个方面。

(1)操作不当(如布线错误等)。

(2)设计不当(如电路出现险象等)。

(3)元器件使用不当或功能不正常。

(4)仪器(主要指数字电路实验箱)和集成器件本身出现故障。

因此,上述四点应作为检查故障的主要线索,以下介绍几种常见的故障检查方法。

(1)查线法。由于在实验中大部分故障都是由于布线错误引起的,因此,在故障发生时,复查电路连线为排除故障的有效方法。应着重注意:导线是否导通,有无漏线、错线;导线与插孔接触是否可靠;集成电路是否插牢、插反、完好等。

(2)观察法。用万用表直接测量各集成块的 $V_{CC}$ 端是否加上电源电压,输入信号、时钟脉冲等是否加到实验电路上,观察输出端有无反应。重复测试观察故障现象,然后对某一故障状态,用万用表测试各输入/输出端的直流电平,从而判断出是否是插座板、集成块引脚连接线等原因造成的故障。

(3)信号注入法。在电路的每一级输入端加上特定信号,观察该级输出响应,从而确定该级是否有故障,必要时可以切断周围连线,避免相互影响。

(4)信号寻迹法。在电路的输入端加上特定信号,按照信号流向逐级检查是否有响应和是否正确,必要时可多次输入不同信号。

(5)替换法。对于多输入端元器件,如有多余端则可调换另一输入端试用。必要时可更换元器件,以检查是否为元器件功能不正常所引起的故障。

(6)动态逐线跟踪检查法。对于时序电路,可输入时钟信号按信号流向依次检查各级波形,直到找出故障点为止。

(7)断开反馈线检查法。对于含有反馈线的闭合电路,应该设法断开反馈线进行检查,或进行状态预置后再进行检查。

以上检查故障的方法,是指在仪器工作正常的前提下进行的,如果实验时电路功能测不出来,则应首先检查供电情况。若电源电压已加上,便可把有关输出端直接接到 0－1 显示器上检查,若逻辑开关无输出,或单次 CP 无输出,则是开关接触不好或是内部电路损坏,一般就是集成器件损坏。

需要强调指出,实验经验对于故障检查是大有帮助的,但只要充分预习,掌握基本理论和实验原理,也不难用逻辑思维的方法较好地判断和排除故障。

# 1.6　实　验　要　求

**1. 实验前的要求**

(1)认真阅读实验指导书,明确实验目的要求,理解实验原理,熟悉实验电路及集成芯片,拟出实验方法和步骤,设计实验表格。

(2)完成实验指导书中有关预习的相关内容。

(3)初步估算(或分析)实验结果(包括各项参数和波形),写出预习报告。

(4)对实验内容应提前设计并使用 EDA 软件仿真验证,将有关数据写入预习报告中。

**2. 实验中的要求**

(1)参加实验者要自觉遵守实验室规则。

(2)实验时要严肃认真,要保持安静、整洁的实验环境。

(3)严禁带电接线,严禁私自拆线或改接线路。

(4)根据实验内容,准备好实验所需的仪器设备和装置并安放适当。按实验方案,选择合适的集成芯片,连接实验电路和测试电路。

(5)实验前应检查实验仪器编号与座位号是否相同,仪器设备不准随意搬动调换。非本次实验所用的仪器设备,未经老师允许不得动用。若损坏仪器设备,必须立即报告老师,做书面检查,责任事故要酌情赔偿。

(6)认真记录实验条件和所得各项数据、波形。发生小故障时,应独立思考,耐心排除,并记下排除故障过程和方法。实验过程不顺利并不是坏事,常常可以从分析故障中增强独立工作的能力。相反,实验"一帆风顺"不一定收获大,能独立解决实验中所遇到的问题,把实验做成功,收获才是最大的。

(7)若仪器发生焦味、冒烟故障,应立即切断电源,保护现场,并报告指导老师和实验室工作人员,等待处理。

(8)实验结束后,需指导老师检查签字,经老师同意后方可拆除线路,清理现场。

**3. 实验后的要求**

实验后要求学生认真写好实验报告(含预习内容)。

(1)实验报告(含预习内容)的内容。

①实验目的。

②列出实验的环境条件,使用的主要仪器设备的名称编号,集成芯片的型号、规格、功能或者使用的软件环境。

③详细记录实验操作步骤,认真整理和处理测试的数据,绘制实验电路图和测试的波形,并列出表格或用坐标纸画出曲线。

④对测试结果进行理论分析,做出简明扼要的结论。找出产生误差的原因,提出减少实验误差的措施。

⑤记录产生故障的情况,说明排除故障的过程和方法。

⑥写出本次实验的心得体会,以及改进实验的建议。

(2)实验报告(含预习内容)的要求。

文理通顺、书写简洁、符号标准、图表规范、讨论深入、结论简明。

# 第 2 章

# 基 本 实 验

## 实验一　实验设备认知及集成门电路测试

### 一、实验目的

(1)熟悉数字电路实验教学平台及示波器、万用表的使用方法。

(2)熟悉门电路逻辑功能测试方法。

(3)了解门电路常用参数测试方法。

(4)观测门电路悬空脚物理现象。

### 二、实验预习要求

(1)复习基本门电路的逻辑功能及逻辑函数表达式。

(2)复习实验中使用的各芯片结构和管脚图(附录Ⅰ)。

(3)复习实验所用的相关原理。

(4)了解示波器、万用表的原理及使用方法。

### 三、实验原理

测试门电路的逻辑功能有两种方法。

(1)静态测试法。静态测试法就是给门电路输入端加固定高、低电平,用万用表、发光二极管等测输出电平。

(2)动态测试法。动态测试法就是给门电路输入端加一串脉冲信号,用示波器观测输入波形与输出波形的关系。

### 四、实验仪器及设备

(1)数字电路实验箱。

(2)双踪示波器、万用表。

(3)元器件有 74LS00、74LS04、CD4011、74LS125。

### 五、实验内容

实验前应先检查实验箱电源是否正常,然后选择实验用的集成电路,按自己设计的实验接线图接好连线,特别注意 $V_{CC}$ 及地线不能接错。线接好后检查无误方可通电实验。实验中改动接线须先断开电源,接好线后再通电实验。

**1. 测试与非门逻辑功能**

与非门逻辑功能测试原理如图 2.1 所示。在 $V_1$ 端接入 1 kHz 方波信号,利用示波器观察在开关 $S_1$ 接通及断开的情况下输出 $V_O$ 的波形,并将 $V_1$ 和 $V_O$ 的波形绘制在实验报告中,判定是否正确。

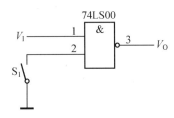

图 2.1　与非门逻辑功能测试原理

**2. 用与非门组成其他门电路并测试验证**

(1)组成非门。用一片 74LS00 组成一个非门 $Y=\overline{A \cdot A}=\overline{A \cdot 1}=\overline{A}$,画出电路图,测试并填表 2.1。

表 2.1　与非门组成非门

| 输入 | | 输出 Y | |
|---|---|---|---|
| | | 理论值 | 观测值 |
| | | | |
| | | | |
| | | | |
| | | | |

(2)组成或非门。用一片 74LS00 组成一个或非门,写出与非门转化为或非门的表达式,画出电路图,测试并填表 2.2。

表 2.2　与非门组成或非门

| 输入 | | 输出 Y | |
|---|---|---|---|
| $A$ | $B$ | 理论值 | 观测值 |
| 0 | 0 | | |
| 0 | 1 | | |
| 1 | 0 | | |
| 1 | 1 | | |

(3)组成异或门。用一片 74LS00 组成一个异或门,写出与非门转化为异或门的表达式,画出电路图,测试并填表 2.3。

表 2.3 与非门组成异或门

| 输入 | | 输出 Y | |
|---|---|---|---|
| $A$ | $B$ | 理论值 | 观测值 |
| 0 | 0 | | |
| 0 | 1 | | |
| 1 | 0 | | |
| 1 | 1 | | |

### 3.门电路参数测试

(1)扇出系数 $N_O$ 的测试。

扇出系数为

$$N_O = \frac{I_{OL}}{I_{IL}}$$

①$I_{IL}$ 的测试原理如图 2.2 所示。

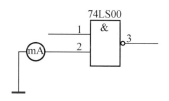

图 2.2 $I_{IL}$ 的测试原理

②$I_{OL}$ 的测试原理如图 2.3 所示。调节 1 kΩ 电位器使与非门输出电压为 0.4 V,测量 $I_{OL}$。

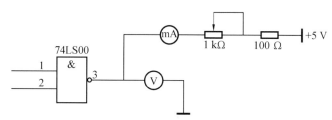

图 2.3 $I_{OL}$ 的测试原理

(2)电压传输特性测试。

电压传输特性测试原理如图 2.4 所示,调节 5 kΩ 电位器使 $V_I$ 为表 2.4 中诸值并将测得的 $V_O$ 填入表 2.4。

表 2.4 与非门电压传输特性

| $V_I/V$ | 0.3 | 0.5 | 0.8 | 1 | 1.3 | 1.4 | 1.5 | 1.7 | 2.0 | 3.0 | 4.0 |
|---|---|---|---|---|---|---|---|---|---|---|---|
| $V_O/V$ | | | | | | | | | | | |

(3)平均延迟时间 $T_{pd}$ 的测试。

平均延迟时间测试原理如图 2.5 所示。在 $V_I$ 端加入 5 MHz 方波信号,利用双踪示波

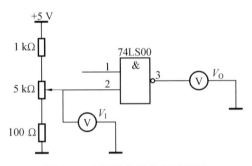

图 2.4　电压传输特性测试原理

器观察输入输出波形的延迟现象,画出 $V_\mathrm{I}$ 和 $V_\mathrm{O}$ 的波形。

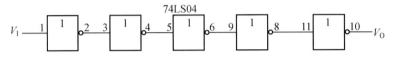

图 2.5　平均延迟时间测试原理

**4.悬空脚的处理及高阻态物理现象测试**

(1)TTL 门悬空脚及高阻态物理现象观测。

TTL 门悬空脚及高阻态物理现象测试原理如图 2.6 所示,分别将 $A$、$E$ 接到电平开关上,按表 2.5 设定观察各电压值并将结果记录在表 2.5 中。

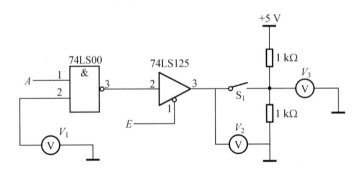

图 2.6　TTL 门悬空脚及高阻态物理现象测试原理

**表 2.5　TTL 门悬空脚及高阻态物理现象观测结果**

| $A$ | $E$ | $S_1$ | $V_1$ | $V_2$ | $V_3$ |
|-----|-----|-------|-------|-------|-------|
| 0 | 1 | 断 | | | |
| | | 通 | | | |
| 1 | 0 | 断 | | | |
| | | 通 | | | |

(2)CMOS 门悬空脚测试。

CMOS 门悬空脚测试原理如图 2.7 所示,将 $A$ 接电平开关,按表 2.6 设定测试并将结果填入表 2.6。

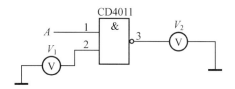

图 2.7　CMOS 门悬空脚测试原理

**表 2.6　CMOS 门悬空脚测试结果**

| A | $V_1$ | $V_2$ |
|---|-------|-------|
| 0 |       |       |
| 1 |       |       |

## 六、实验报告要求与思考题

(1)按各步骤要求填表,画逻辑图及测试曲线。

(2)回答问题:

①怎样判断门电路逻辑功能是否正常?

②与非门的一个输入接连续脉冲,其余端是什么状态时允许脉冲通过? 什么状态时禁止脉冲通过?

③高阻态的物理意义是什么?

# 实验二　组合逻辑电路分析与设计

## 一、实验目的

(1)熟悉组合逻辑电路的分析和验证方法。

(2)初步掌握利用中规模集成电路(Medium-Scale Integration,MSI)器件设计组合逻辑电路的方法。

## 二、实验预习要求

(1)复习实验芯片的逻辑功能及逻辑函数表达式。

(2)复习实验所用各芯片的结构图、管脚图和功能表。

(3)复习实验所用的相关原理。

(4)按要求设计实验中的各电路,给出原理图。

## 三、实验原理

(1)组合逻辑电路的设计。

组合逻辑电路的设计就是按照具体逻辑命题,按要求设计出最简的组合电路。经典的组合逻辑设计步骤如下。

①根据给定事件的因果关系列写函数式。

②对函数式进行化简或变换。

③画出逻辑图,并测试逻辑功能。

(2)数据选择器。

数据选择器又称多路选择开关。数据选择器的主要作用是在地址码的控制下,从多个输入数据中选择其中一个送至输出端。通常把数据输入端的个数称为通道数。它除了具有选择信息的功能外,还可以用来形成各种逻辑函数。

(3)数码管。

数码管是用来显示数字、文字或符号的元器件。目前广泛使用的是七段数码显示器。七段数码显示器由 a~g 七段可发光的线段拼合而成,控制各段的亮或灭可以显示不同的字符或数字。

七段数码显示器有发光二极管(LED)数码管和液晶显示器(LCD)两种。LED 数码管分为共阴管和共阳管,目前使用最广泛。

## 四、实验仪器及设备

(1)数字电路实验箱。

(2)双踪示波器、万用表。

(3)元器件有 74LS04、74LS08、74LS21、74LS83、74LS151、74LS47、七段数码管。

## 五、实验内容

(1)图 2.8 所示为 2421BCD 码转换为 8421BCD 码的转换电路。试分析其功能的实现方法,并验证该电路是否能完成上述功能。

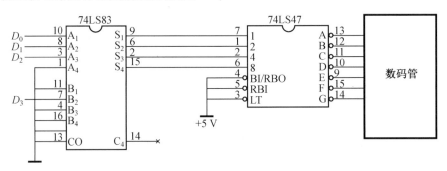

图 2.8  2421BCD 码转换为 8421BCD 码的转换电路

(2)用 8 选 1 数据选择器 74LS151 实现逻辑函数,即

$$F=\overline{A}(B+\overline{C}+E)+BCD$$

画出逻辑电路连接图,并连接调试。

(3)用 8 选 1 数据选择器 74LS151 和必要的反相器设计一个组合逻辑电路。输入 $A_3$、$A_2$、$A_1$、$A_0$ 为 8421BCD 码,当输入的 8421BCD 码能被 3 整除时,输出 $F=1$,否则 $F=0$。按要求画出逻辑电路连接图,并连接调试。

## 六、实验报告要求与思考题

(1)按要求整理有关实验数据,分析问题要写出分析过程、检测方案及检测结果。逻辑设计问题写出设计过程,画出逻辑图,给出调试方案和调试结果。

(2)总结利用 MSI 器件设计组合逻辑电路的方法。

# 实验三　　EDA 工具软件 Quartus Ⅱ 的使用

## 一、实验目的

(1)了解 EDA 工具软件各部分组成及功能。

(2)熟悉并掌握 Quartus Ⅱ 开发软件的操作步骤及仿真方法。

## 二、实验预习要求

(1)结合实验指导书(附录Ⅱ)预习实验中所用软件的使用方法。

(2)复习实验所用芯片的结构图、管脚图和功能表。

(3)复习实验所用的相关设计原理。

(4)按要求设计实验中的电路。

## 三、实验原理

Quartus Ⅱ 是 Altera 公司的全集成化可编程逻辑设计环境。它的界面友好,在线帮助完备,初学者也可以很快学习掌握,完成高性能的数字逻辑设计。另外,在进行原理图输入时,可以采用软件中自带的 74 系列逻辑库,所以对于初学者来说,即使不使用 Altera 的可编程元器件,也可以把 Quartus Ⅱ 作为逻辑仿真工具,不用搭建硬件电路,即可对自己的设计进行调试、验证。本实验主要学习其使用操作方法并结合具体设计实例练习 Quartus Ⅱ 的使用。

## 四、实验仪器及软件

(1)实验用计算机。

(2)Quartus Ⅱ 开发软件。

## 五、实验内容

**1. 学生上机操作并结合教师讲解学习 Quartus Ⅱ 的使用方法**

(1)设计输入。

将所设计的数字逻辑以某种方式输入计算机中。

①原理图输入方式。学习要点:元器件的放置、连线,电源、地的表示,标号的使用,输入/输出的设置,总线的使用,各种元器件库的使用。

②文本输入方式(VHDL 语言)。学习要点:VHDL 语言的扩展名必须为 vhd;VHDL 的文件名必须与实体的名字一致;VHDL 的源程序要放在某个指定的文件夹中。

注:①两种输入方式下均可用 File=>Create Default Symbol 将当前的设计定义为一个元器件符号。

②文件存盘完毕以后应将工程设置为当前文件。

Project＝＞Set as Top-Level Entity

(2)设计校验。

检查第一步中的设计输入是否有错误(连线或者语法类错误),Project＝＞Start Compilation(Ctrl＋L),若有错误则根据错误提示找出并修改错误,若无错误则执行下一步。

(3)功能仿真。

在进行功能仿真之前应先对当前工程进行编译(Project＝＞Start Compilation(Ctrl＋L)),然后建立仿真波形文件,设定好待观察的输入/输出之后进行功能仿真。仿真结果正确进行下一步,否则返回,对第一步中的逻辑设计进行修改后重新进行上述步骤。

(4)管脚锁定。

管脚锁定之前应首先选择元器件的型号(实验平台中所采用的元器件型号为 Cyclone 系列的 EP1C6Q240C8,Assign＝＞Device),选定元器件之后对工程重新编译,然后利用 Assignments＝＞Pins 或 Assignments＝＞Pin Planer 进行管脚锁定(应根据实验平台的管脚对应表进行)。

(5)重新编译及布局、布线。

管脚锁定完毕后重新编译。

(6)下载/编程。

编译无误后利用 Tools＝＞Programmer 进行下载,观察实际运行结果。

注:实验平台所用的下载电缆类型为 ByteBlaster(MV),可以在编程界面利用 Hardware Setup 进行设定。

**2.基于 74LS83 结合其他门电路设计一个 8421BCD 码全加器电路**

8421BCD 码全加器电路方框图如图 2.9 和图 2.10 所示。

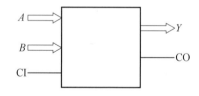

图 2.9　8421BCD 码全加器电路方框图

(1)写出逻辑设计过程及相关表达式。

(2)画出逻辑电路图。

(3)基于 Quartus Ⅱ 软件验证逻辑功能。

## 六、实验报告要求与思考题

(1)总结 Quartus Ⅱ 的使用步骤及各步骤的作用。

(2)结合实验总结基于 MSI 器件设计组合逻辑的方法。

(3)如何利用 Quartus Ⅱ 验证一个逻辑设计?

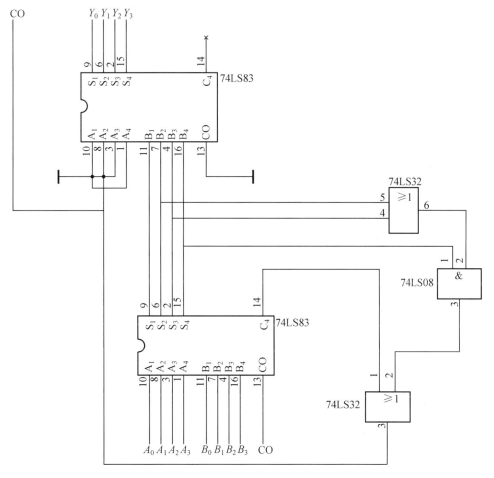

图 2.10 8421BCD 码全加器电路

# 实验四 基于 EDA 软件的组合逻辑设计

## 一、实验目的

(1)进一步掌握基于 MSI 器件的组合逻辑设计方法。

(2)初步了解并掌握基于 VHDL 语言的组合逻辑设计方法。

## 二、实验预习要求

(1)复习实验所用芯片的逻辑功能、管脚图。

(2)复习实验所用的相关设计原理。

(3)按要求设计实验中的逻辑电路。

## 三、实验原理

(1)74LS83 是一个四位的全加器,基于 74LS83 进行逻辑设计时,需要将逻辑问题转换为相加运算,以充分利用其逻辑功能。

(2)VHDL 语言是一种常用的硬件描述语言。基于 VHDL 语言进行数字逻辑设计时,应充分利用其行为级描述能力(抽象描述),将设计重点放在逻辑关系的表述上。

## 四、实验仪器及软件

(1)实验用计算机。

(2)Quartus II 开发软件。

## 五、实验内容

(1)设计一个组合逻辑电路,它能够将 6 位自然二进制码转换为 8421BCD 码。基于 74LS83 及必要的门电路设计以上逻辑。

①写明设计过程,给出必要的真值表、卡诺图或逻辑表达式。

②画出逻辑图。

③基于 Quartus II 调试验证以上逻辑设计。

(2)利用 VHDL 语言完成(1)中所要求的逻辑设计,其要求如下。

①写明设计方案。

②给出完整的源程序。

③基于 Quartus II 调试验证逻辑功能。

## 六、实验报告及要求

(1)按要求完成上述逻辑设计,并进一步总结如何利用 MSI 器件设计组合逻辑。

(2)通过实验对比,采用 VHDL 语言进行逻辑设计有何优势?应用 VHDL 语言进行数字逻辑设计的前提是什么?

# 第 3 章

# 实 验 设 计

## 实验一 门 电 路

### 一、实验目的

熟悉门电路的逻辑功能。

### 二、实验原理

TTL 集成与非门是数字电路中广泛使用的一种基本逻辑门。使用时,必须对它的逻辑功能、主要参数和特性曲线进行测试,以确定其性能的好坏。与非门逻辑功能测试的基本方法是按真值表逐项进行,但有时按真值表测试显得有些多余。根据与非门的逻辑功能可知,当输入端全为高电平时,输出端是低电平;当有一个或几个输入端为低电平时,输出端为高电平。

可以化简逻辑函数或进行逻辑变换,如下式所示:

$$\overline{(A+B+C+\cdots)}=\bar{A}\cdot\bar{B}\cdot\bar{C}\cdot\cdots$$

$$\overline{(A\cdot B\cdot C\cdot\cdots)}=\bar{A}+\bar{B}+\bar{C}+\cdots$$

### 三、实验内容及步骤

首先检查 5 V 电源是否正常,随后选择好实验用集成块,查清集成块的引脚及功能,然后根据自己的实验图接线。特别注意 $V_{CC}$ 及地的接线不能接错(不能接反且不能短接),待仔细检查后方可通电进行实验,以后所有实验均依此进行。

**1. 测与非门的逻辑功能**

(1)选择双四输入正与非门 74LS20,其接线图如图3.1所示。

(2)输入端、输出端接 LG 电平开关、LG 电平显示元器件盒上;集成块及逻辑电平开关、逻辑电平显示元器件盒接上同一路 5 V电源。

(3)拨动电平开关,按表 3.1 中情况分别测量输出端电位,并将结果填入表 3.1。

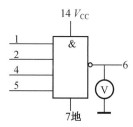

图 3.1　74LS20 接线图

表 3.1  74LS20 测量数据

| 输入端 | | | | 输出端 | |
|---|---|---|---|---|---|
| | | | | 6 | |
| 1 | 2 | 4 | 5 | 电位/V | 逻辑状态 |
| 1 | 1 | 1 | 1 | | |
| 0 | 1 | 1 | 1 | | |
| 0 | 0 | 1 | 1 | | |
| 0 | 0 | 0 | 1 | | |
| 0 | 0 | 0 | 0 | | |

**2. 测试与或非门的逻辑功能**

(1)选两路四输入与或非门电路 74LS55,其接线图如图 3.2 所示。

(2)输入端接电平的输出插口,拨动开关,当输入端为表 3.2 中所示情况时,分别测量输出端 8 的电位,将结果填入表 3.2。

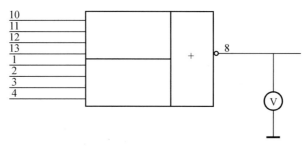

图 3.2  74LS55 接线图

表 3.2  74LS55 测量数据

| 输入端 | | | | | | | | 输出端 | |
|---|---|---|---|---|---|---|---|---|---|
| | | | | | | | | 8 | |
| 1 | 2 | 3 | 4 | 10 | 11 | 12 | 13 | 电位/V | 逻辑状态 |
| 1 | 1 | 1 | 1 | 0 | 0 | 0 | 0 | | |
| 1 | 1 | 1 | 1 | 0 | 0 | 0 | 1 | | |
| 0 | 0 | 0 | 0 | 1 | 1 | 1 | 1 | | |
| 1 | 0 | 0 | 0 | 1 | 1 | 1 | 1 | | |
| 0 | 0 | 0 | 1 | 0 | 0 | 0 | 0 | | |
| 0 | 0 | 0 | 0 | 0 | 0 | 0 | 0 | | |

**3. 测逻辑电路的逻辑关系**

用 74LS00 电路组成逻辑电路,其接线图如图 3.3 和图 3.4 所示,写出图 3.3 和图 3.4 的逻辑表达式并化简,将各种输入电压情况下的输出电压分别填入表 3.3、表 3.4,验证化简的表达式。

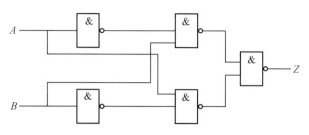

图 3.3　74LS00 接线图(1)

表 3.3　74LS00 测量数据(1)

| 输入 | | 输出 |
|---|---|---|
| A | B | Z |
| 0 | 0 | |
| 0 | 1 | |
| 1 | 0 | |
| 1 | 1 | |

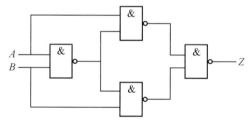

图 3.4　74LS00 接线图(2)

表 3.4　74LS00 测量数据(2)

| 输入 | | 输出 |
|---|---|---|
| A | B | Z |
| 0 | 0 | |
| 0 | 1 | |
| 1 | 0 | |
| 1 | 1 | |

**4. 观察与非门对脉冲的控制作用**

选一块与非门 74LS20,其接线图如图 3.5 所示,将一个输入端接连续脉冲,用示波器观察两种电路的输出波形。

在做以上各个实验时,请特别注意集成块的插入位置与接线是否正确,每次必须在接线后经复核确定无误后方可通电实验,并要养成习惯。

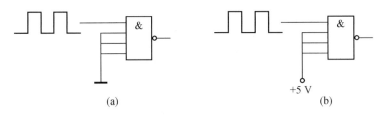

图 3.5　74LS20 接线图

### 四、实验仪器与器材

(1)JD－2000 通用电学实验台一台。

(2)CA8120A 示波器一台。

(3)DT930FD 数字多用表一块。

(4)主要器材有 74LS00 两片、74LS55 一片、74LS20 一片、逻辑开关盒一个。

### 五、实验报告要求

整理实验数据,并对数据及波形进行一一分析;比较实验结果,分析"与非门"的逻辑功能并做讨论。

### 六、注意事项

(1)接线、拆线都要在断开电源的情况下进行。

(2)TTL 电路电源电压 $V_{cc} = +5$ V,检查电源是否为 +5 V(不要超过 +5 V)。

### 七、思考题

(1)与非门什么情况下输出高电平?什么情况下输出低电平?与非门不用的输入端应如何处理?

(2)与或非门在什么情况下输出高电平?什么情况下输出低电平?与或非门中不用的与门输入端应如何处理?不用的与门应如何处理?

(3)如果与非门的一个输入端接连续时钟脉冲,那么:①其余输入端是什么状态时,允许脉冲通过?脉冲通过时,输出端波形与输入端波形有何差别?②其余输入端是什么状态时,不允许脉冲通过?这种情况下与非门输出是什么状态?

# 实验二　三态门和 OC 门的研究

### 一、实验目的

(1)熟悉两种特殊的门电路:三态门和集电极开路(Open Collector,OC)门。

(2)了解"总线"结构的工作原理。

### 二、实验原理

数字系统中,有时需把两个或两个以上集成逻辑门的输出端连接起来,完成一定的逻辑功能。普通 TTL 门电路的输出端是不允许直接连接的。图 3.6 所示为两个 TTL 门电路输出为短接的情况,为简单起见,图中只画出两个与非门的推拉式输出级。设门 A 处于截止状态,若不短接,输出应为高电平;设门 B 处于导通状态,若不短接,输出应为低电平。在把门 A 和门 B 的输出端做如图 3.6 所示连接后,从电源 $V_{CC}$ 经门 A 中导通的 $T_4$、$D_3$ 和门 B 中导通的 $T_5$ 到地,有了一条通路,其不良后果如下。

(1)输出电平既非高电平,也非低电平,而是两者之间的某一值,导致逻辑功能混乱。

(2)上述通路导致输出级电流远大于正常值(正常情况下 $T_4$ 和 $T_5$ 总有一个截止),导致功耗剧增,发热增大,可能烧坏器件。

集电极开路门和三态门是两种特殊的 TTL 电路,它们允许把输出端互相连在一起使用。

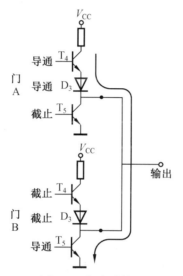

图 3.6　两个 TTL 门电路输出端短接

**1. OC 门**

OC 门可以看成是图 3.6 所示的 TTL 与非门输出级中移去了 $T_4$、$D_3$ 部分。OC 门的电路结构与逻辑符号如图 3.7 所示。必须指出:OC 门只有在外接负载电阻 $R_C$ 和电源 $E_C$ 后才能正常工作,如图 3.7 中虚线所示。

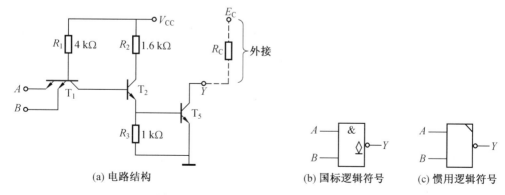

(a) 电路结构　　　　　　(b) 国标逻辑符号　　　(c) 惯用逻辑符号

图 3.7　OC 门的电路结构与逻辑符号

由两个 OC 门输出端相连组成的电路如图 3.8 所示,它们的输出为

$$Y = Y_A \cdot Y_B = \overline{A_1 A_2} \cdot \overline{B_1 B_2} = \overline{A_1 A_2 + B_1 B_2}$$

即把两个 OC 门的输出相与(称为线与),完成与或非的逻辑功能。

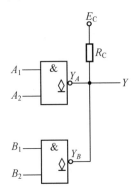

图 3.8　两个 OC 门输出端相连组成的电路

OC 门主要有以下三方面的应用。

(1)实现电平转换。无论是用 TTL 电路驱动 CMOS 电路还是用 CMOS 电路驱动 TTL 电路,驱动门必须能为负载门提供合乎标准的高、低电平和足够的驱动电流,即必须同时满足下列四式(式中左侧为驱动门,右侧为负载门):

$$V_{OH(min)} \geqslant V_{IH(min)}$$

$$V_{OL(max)} \leqslant V_{IL(max)}$$

$$I_{OH(max)} \geqslant I_{IH}$$

$$I_{OL(max)} \geqslant I_{IL}$$

其中　$V_{OH(min)}$——门电路输出高电平 $V_{OH}$ 的下限值;

$V_{OL(max)}$——门电路输出低电平 $V_{OL}$ 的上限值;

$I_{OH(max)}$——门电路带拉电流负载的能力,或称放电流能力;

$I_{OL(max)}$——门电路带灌电流负载的能力,或称吸电流能力;

$V_{IH(min)}$——为能保证电路处于导通状态的最小输入(高)电平;

$V_{IL(max)}$——为能保证电路处于截止状态的最大输入(低)电平;

$I_{IH}$——输入高电平时流入输入端的电流;

$I_{IL}$——输入低电平时流出输入端的电流。

当 74 系列或 74LS 系列 TTL 电路驱动 CD4000 系列或 74HC 系列 CMOS 电路时,不能直接驱动,因为 74 系列的 TTL 电路 $V_{OH(min)} = 2.4$ V,74LS 系列的 TTL 电路 $V_{OH(min)} = 2.7$ V,CD4000 系列的 CMOS 电路 $V_{IH(min)} = 3.5$ V,74HC 系列 CMOS 电路 $V_{IH(min)} = 3.15$ V,显然不满足 $V_{OH(min)} \geqslant V_{IH(min)}$。

最简单的解决方法是在 TTL 电路的输出端与电源之间接入上拉电阻 $R_C$,如图 3.9 所示。

(2)实现多路信号采集,使两路以上的信息共用一个传输通道(总线)。

(3)利用电路的线与特性方便地完成某些特定的逻辑功能。

在实际应用时,有时需将几个 OC 门的输出端短接,后面接 $m$ 个普通 TTL 与非门作为负载,计算 OC 门外接电阻 $R_C$ 的工作状态如图 3.10 所示。为保证 OC 门的输出电平符合

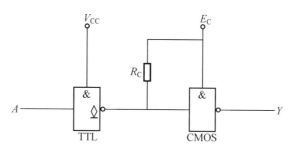

图 3.9 TTL(OC)门驱动 CMOS 电路的电平转换

逻辑要求,$R_C$ 的数值选择范围为

$$R_{C(min)} = \frac{E_C - V_{OL(max)}}{I_{OL(max)} - m \cdot I_{IL}}$$

$$R_{C(max)} = \frac{E_C - V_{OH(min)}}{n \cdot I_{CEO} + m' \cdot I_{IH}}$$

式中    $I_{CEO}$——OC 门输出三极管 $T_5$ 截止时的漏电流;

       $E_C$——外接电源电压值;

       $m$——TTL 门负载个数;

       $n$——输出短接的 OC 门个数;

       $m'$——各负载接到 OC 门输出端的输入端总和。

$R_C$ 值的大小会影响输出波形的边沿时间,在工作速度较高时,$R_C$ 的取值应接近 $R_{C(min)}$。

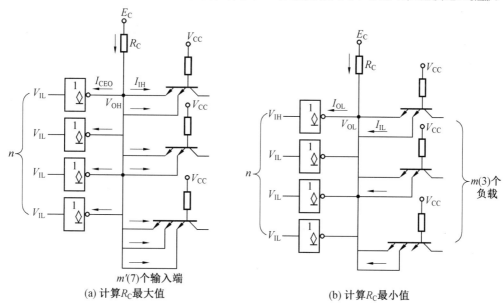

(a) 计算 $R_C$ 最大值                     (b) 计算 $R_C$ 最小值

图 3.10 计算 OC 门外接电阻 $R_C$ 的工作状态

**2. 三态门**

三态门,简称 TSL(Three-State Logic)门,是在普通门电路的基础上,附加使能控制端和控制电路构成的。图 3.11 所示为三态门的结构和逻辑符号。三态门除了通常的高电平和低电平两种输出状态外,还有第三种输出状态——高阻态。处于高阻态时,电路与负载之间相当于开路。图 3.11(a)是使能控制端高电平有效的三态门,当使能控制端 EN=1 时,电路为正常的工作状态,与普通的与非门一样,实现 $Y=\overline{AB}$;当 EN=0 时,为禁止工作状态,Y 输出呈高阻状态。图 3.11(b)是使能控制端低电平有效的三态门,当 $\overline{EN}=0$ 时,电路为正常的工作状态,实现 $Y=\overline{AB}$;当 $\overline{EN}=1$ 时,电路为禁止工作状态,Y 输出呈高阻状态。

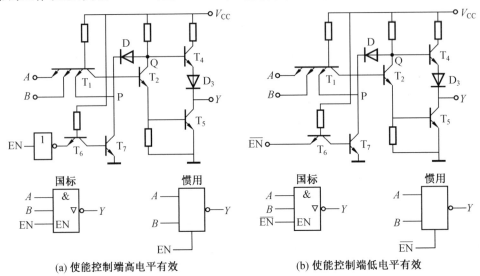

(a) 使能控制端高电平有效     (b) 使能控制端低电平有效

图 3.11　三态门的结构和逻辑符号

三态门电路用途之一是实现总线传输。总线传输的方式有两种,一种是单向总线传输,如图 3.12(a)所示,其逻辑功能表见表 3.5,可实现信号 $A_1$、$A_2$、$A_3$ 向总线 Y 的分时传送;另一种是双向总线传输,如图 3.12(b)所示,其逻辑功能表见表 3.6,可实现信号的分时双向传送。单向总线方式下,要求只有需要传输信息的那个三态门的控制端处于使能状态(EN=1),其余各门皆处于禁止状态(EN=0),否则会出现与普通 TTL 门线与运用时同样的问题,因而是绝对不允许的。

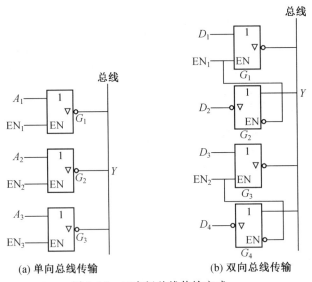

(a) 单向总线传输     (b) 双向总线传输

图 3.12　三态门总线传输方式

表 3.5 单向总线传输逻辑功能

| 使能控制端 | | | 输出 $Y$ |
|---|---|---|---|
| $EN_1$ | $EN_2$ | $EN_3$ | |
| 1 | 0 | 0 | $\overline{A_1}$ |
| 0 | 1 | 0 | $\overline{A_2}$ |
| 0 | 0 | 1 | $\overline{A_3}$ |
| 0 | 0 | 0 | 高阻 |

表 3.6 双向总线传输逻辑功能

| 使能控制端 | | 信号传输方向 | |
|---|---|---|---|
| $EN_1$ | $EN_2$ | | |
| 1 | 0 | $\overline{D_1} \rightarrow Y$ | $\overline{Y} \rightarrow D_4$ |
| 0 | 1 | $\overline{Y} \rightarrow D_2$ | $\overline{D_3} \rightarrow Y$ |

## 三、预习要求

(1)根据设计任务的要求,画出逻辑电路图,并注明管脚号。

(2)拟出记录测量结果的表格。

(3)完成思考题中的(1)、(2)、(3)。

## 四、实验内容

(1)用三态门实现三路信号分时传送的总线结构。设计要求框图如图 3.13 所示,设计要求的逻辑功能见表 3.7。

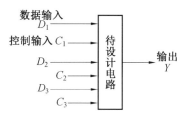

图 3.13 设计要求框图

表 3.7 设计要求的逻辑功能

| 控制输入 | | | 输出 $Y$ |
|---|---|---|---|
| $C_1$ | $C_2$ | $C_3$ | |
| 1 | 0 | 0 | $D_1$ |
| 0 | 1 | 0 | $D_2$ |
| 0 | 0 | 1 | $D_3$ |

在实验中要求:

①静态验证。控制输入端和数据输入端加高、低电平,用电压表测量输出端高、低电平

的电压值。

②动态验证。控制输入端加高、低电平,数据输入加连续矩形脉冲,用示波器对应地观察数据输入波形和输出波形。

③动态验证时,分别用示波器中的 AC 耦合与 DC 耦合,测定输出端波形的幅值 $V_{p\_p}$ 及高、低电平值。

(2)用 OC 门实现三路信号分时传送的总线结构。要求与实验内容(1)相同。

(3)在实验内容(2)的电路基础上将电源 $E_c$ 从 +5 V 改为 +10 V,测量 OC 门输出端高、低电平的电压值。

## 五、注意事项

(1)做电平转换实验时,只能改变 $E_c$,不能将 OC 门的电源电压 $V_{cc}$ 接至 +10 V,以免烧坏元器件。

(2)用三态门实现分时传送时,不能同时有两个或两个以上三态门的控制端处于使能状态。

## 六、实验仪器与器材

(1)JD—2000 通用电学实验台一台。

(2)CA8120A 示波器一台。

(3)DT930FD 数字多用表一块。

(4)主要器材有 74LS01 一片、74LS04 一片、74LS244 两片、逻辑开关盒一个、1 kΩ 电阻三只。

## 七、报告要求

(1)画出示波器观察到的波形,且输入与输出波形必须对应,即在一个相位平面上比较两者的相位关系。

(2)根据要求设计的任务应有设计过程和设计逻辑图,记录实际检测的结果,并进行分析。

(3)完成思考题中的(4)。

## 八、思考题

(1)用 OC 门时是否需外接其他元器件? 如果需要,此元器件应如何取值?

(2)几个 OC 门的输出端是否允许短接?

(3)几个三态门的输出端是否允许短接? 有没有条件限制? 应注意什么问题?

(4)如何用示波器测量波形的高、低电平?

# 实验三　编码器与译码器

## 一、实验目的

(1)验证编码器与译码器的逻辑功能。

(2)熟悉集成编码器与译码器的测试方法及使用方法。

## 二、实验原理

编码器的功能是将一组信号按照一定的规律变换成一组二进制代码。74LS148 为 8 线－3 线优先编码器,有 8 个编码输入端 $I_0$、$I_1$、$\cdots$、$I_7$(输入信号为 $I_0$、$I_1$、$\cdots$、$I_7$)和 3 个编码输出端 $A_2$、$A_1$、$A_0$(输出信号为 $A_2$、$A_1$、$A_0$)。输出为 8421 码的反码,输入低电平有效。在逻辑关系上,$I_7$ 为最高位,且优先级最高。8 线－3 线优先编码器 74LS148 真值表见表 3.8。

**表 3.8　8 线－3 线优先编码器 74LS148 真值表**

| | 输入 | | | | | | | | 输出 | | | | |
|---|---|---|---|---|---|---|---|---|---|---|---|---|---|
| $S$ | $I_0$ | $I_1$ | $I_2$ | $I_3$ | $I_4$ | $I_5$ | $I_6$ | $I_7$ | $A_2$ | $A_1$ | $A_0$ | $Y_{EX}$ | $Y_S$ |
| 1 | × | × | × | × | × | × | × | × | 1 | 1 | 1 | 1 | 1 |
| 0 | × | × | × | × | × | × | × | 0 | 0 | 0 | 0 | 0 | 1 |
| 0 | × | × | × | × | × | × | 0 | 1 | 0 | 0 | 1 | 0 | 1 |
| 0 | × | × | × | × | × | 0 | 1 | 1 | 0 | 1 | 0 | 0 | 1 |
| 0 | × | × | × | × | 0 | 1 | 1 | 1 | 0 | 1 | 1 | 0 | 1 |
| 0 | × | × | × | 0 | 1 | 1 | 1 | 1 | 1 | 0 | 0 | 0 | 1 |
| 0 | × | × | 0 | 1 | 1 | 1 | 1 | 1 | 1 | 0 | 1 | 0 | 1 |
| 0 | × | 0 | 1 | 1 | 1 | 1 | 1 | 1 | 1 | 1 | 0 | 0 | 1 |
| 0 | 0 | 1 | 1 | 1 | 1 | 1 | 1 | 1 | 1 | 1 | 1 | 0 | 1 |
| 0 | 1 | 1 | 1 | 1 | 1 | 1 | 1 | 1 | 1 | 1 | 1 | 1 | 0 |

注:$S$ 为使能控制端信号,$Y_S$ 为选通输出端信号,$Y_{EX}$ 为扩展输出端信号。

译码器的功能是将具有特定含义的二进制码转换成相应的控制信号。74LS42 为 4 线－10 线译码器(BCD 输入),有 4 个输入端 D、C、B、A(输入信号为 $D$、$C$、$B$、$A$)($A$ 为低位)和 10 个输出端 $Y_0$、$Y_1$、$\cdots$、$Y_9$(输出信号为 $Y_0$、$Y_1$、$\cdots$、$Y_9$)。译码输出为低电平。4 线－10 线译码器 74LS42 真值表见表 3.9。

**表 3.9　4 线－10 线译码器 74LS42 真值表**

| | 输入 | | | 输出 | | | | | | | | | |
|---|---|---|---|---|---|---|---|---|---|---|---|---|---|
| $D$ | $C$ | $B$ | $A$ | $Y_0$ | $Y_1$ | $Y_2$ | $Y_3$ | $Y_4$ | $Y_5$ | $Y_6$ | $Y_7$ | $Y_8$ | $Y_9$ |
| 0 | 0 | 0 | 0 | 0 | 1 | 1 | 1 | 1 | 1 | 1 | 1 | 1 | 1 |
| 0 | 0 | 0 | 1 | 1 | 0 | 1 | 1 | 1 | 1 | 1 | 1 | 1 | 1 |
| 0 | 0 | 1 | 0 | 1 | 1 | 0 | 1 | 1 | 1 | 1 | 1 | 1 | 1 |
| 0 | 0 | 1 | 1 | 1 | 1 | 1 | 0 | 1 | 1 | 1 | 1 | 1 | 1 |
| 0 | 1 | 0 | 0 | 1 | 1 | 1 | 1 | 0 | 1 | 1 | 1 | 1 | 1 |
| 0 | 1 | 0 | 1 | 1 | 1 | 1 | 1 | 1 | 0 | 1 | 1 | 1 | 1 |
| 0 | 1 | 1 | 0 | 1 | 1 | 1 | 1 | 1 | 1 | 0 | 1 | 1 | 1 |
| 0 | 1 | 1 | 1 | 1 | 1 | 1 | 1 | 1 | 1 | 1 | 0 | 1 | 1 |
| 1 | 0 | 0 | 0 | 1 | 1 | 1 | 1 | 1 | 1 | 1 | 1 | 0 | 1 |
| 1 | 0 | 0 | 1 | 1 | 1 | 1 | 1 | 1 | 1 | 1 | 1 | 1 | 0 |

## 三、预习要求

复习教材(《数字电路》龚之春)中编码器与译码器的有关内容,熟悉所用元器件 74LS148 和 74LS138 的引脚排列。

## 四、实验内容及步骤

### 1．8 线－3 线优先编码器功能测试

8 线－3 线优先编码器 74LS148 和 74LS138 的引脚排列如图 3.14 所示。

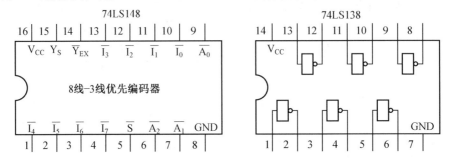

图 3.14　8 线－3 线编码器 74LS148 和 74LS138 的引脚排列

（1）在通用电学实验台上按图 3.15 电路对优先编码器 74LS148 和反相器 74LS04 进行连线。

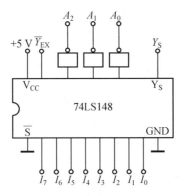

图 3.15　优先编码器电路

（2）在输入端按照表 3.10 加高、低电平（"0"态接地，"1"态接 $+V_{CC}$（$+5$ V）），用万用表测量输出电压并将测量结果填入表 3.10 中。

表 3.10　测量优先编码器真值表

| 输入 | | | | | | | | | 输出 | | | | |
|---|---|---|---|---|---|---|---|---|---|---|---|---|---|
| $S$ | $I_0$ | $I_1$ | $I_2$ | $I_3$ | $I_4$ | $I_5$ | $I_6$ | $I_7$ | $A_2$ | $A_1$ | $A_0$ | $Y_{EX}$ | $Y_S$ |
| 1 | × | × | × | × | × | × | × | × | | | | | |
| 0 | × | × | × | × | × | × | × | 0 | | | | | |
| 0 | × | × | × | × | × | × | 0 | 1 | | | | | |
| 0 | × | × | × | × | × | 0 | 1 | 1 | | | | | |
| 0 | × | × | × | × | 0 | 1 | 1 | 1 | | | | | |
| 0 | × | × | × | 0 | 1 | 1 | 1 | 1 | | | | | |
| 0 | × | × | 0 | 1 | 1 | 1 | 1 | 1 | | | | | |
| 0 | × | 0 | 1 | 1 | 1 | 1 | 1 | 1 | | | | | |
| 0 | 0 | 1 | 1 | 1 | 1 | 1 | 1 | 1 | | | | | |
| 0 | 1 | 1 | 1 | 1 | 1 | 1 | 1 | 1 | | | | | |

**2. 3 线－8 线译码器的功能测试**

3 线－8 线译码器 74LS138 的引脚排列如图 3.16 所示。

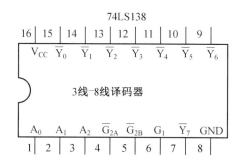

图 3.16　3 线－8 线译码器 74LS138 的引脚排列

(1)在通用电学实验台上将 3 线－8 线译码器 74LS138 输入端按照表 3.11 加高、低电平,用万用表测量输出电压并将测量结果填入表 3.11 中。

表 3.11　测量 3 线－8 线译码器真值表

| 输入 | | | | | 输出 | | | | | | | |
|---|---|---|---|---|---|---|---|---|---|---|---|---|
| $G_1$ | $G_{2A}+G_{2B}$ | $A_2$ | $A_1$ | $A_0$ | $Y_0$ | $Y_1$ | $Y_2$ | $Y_3$ | $Y_4$ | $Y_5$ | $Y_6$ | $Y_7$ |
| 1 | 0 | 0 | 0 | 0 | | | | | | | | |
| 1 | 0 | 0 | 0 | 1 | | | | | | | | |
| 1 | 0 | 0 | 1 | 0 | | | | | | | | |
| 1 | 0 | 0 | 1 | 1 | | | | | | | | |
| 1 | 0 | 1 | 0 | 0 | | | | | | | | |
| 1 | 0 | 1 | 0 | 1 | | | | | | | | |
| 1 | 0 | 1 | 1 | 0 | | | | | | | | |
| 1 | 0 | 1 | 1 | 1 | | | | | | | | |
| 0 | × | × | × | × | | | | | | | | |
| × | 1 | × | × | × | | | | | | | | |

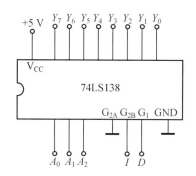

图 3.17　译码器作为数据分配器接线图

(2)译码器作为数据分配器。按图 3.17 接线,在脉冲输入端 D(输入信号为 D)加入 $f=1$ kHz 的矩形脉冲,同时用示波器观察地址输入为 $A_2A_1A_0=000$、010、100、111 时的输入端和各输出端的波形,并按时间关系将输入、输出波形记录下来。

### 五、实验仪器与器材

(1)JD—2000 通用电学实验台一台。

(2)CA8120A 示波器一台。

(3)DT930FD 数字多用表一块。

(4)主要器材有 74LS148 一片、74LS04 一片、74LS138 一片、逻辑开关盒一个。

### 六、实验报告

(1)做出实测的 74LS148、74LS138 的真值表。画出图 3.17 实测的输入、输出波形。

(2)讨论两个元器件输入、输出有效电平及使能控制端的作用。

### 七、思考题

(1)74LS138 输入使能控制端有哪些功能？74LS148 输入、输出使能控制端有什么功能？

(2)怎样将 74LS138 扩展为 4 线—16 线译码器？

# 实验四　数据选择器

### 一、实验目的

(1)熟悉数据选择器的基本功能及测试方法。

(2)学习把数据选择器当作逻辑函数产生器的方法。

### 二、实验原理

数据选择器的功能是从多个通道的数据中选择一个传送到唯一的公共数据通道上。74LS151 是一种典型的集成数据选择器，它有 3 个地址输入端 $S_2$、$S_1$、$S_0$（输入信号为 $S_2$、$S_1$、$S_0$），可选择 $I_0 \sim I_7$ 8 个数据源（数据源信号为 $I_0 \sim I_7$），具有两个互补输出端 Z 和 $\overline{Z}$。其功能表见表 3.12。

表 3.12　数据选择器 74LS151 功能表

| 输入 | | | | 输出 | |
|---|---|---|---|---|---|
| 使能 | 选择 | | | $Z$ | $\overline{Z}$ |
| $G$ | $S_2$ | $S_1$ | $S_0$ | | |
| 1 | × | × | × | 0 | 1 |
| 0 | 0 | 0 | 0 | $I_0$ | $\overline{I_0}$ |
| 0 | 0 | 0 | 1 | $I_1$ | $\overline{I_1}$ |
| 0 | 0 | 1 | 0 | $I_2$ | $\overline{I_2}$ |
| 0 | 0 | 1 | 1 | $I_3$ | $\overline{I_3}$ |
| 0 | 1 | 0 | 0 | $I_4$ | $\overline{I_4}$ |
| 0 | 1 | 0 | 1 | $I_5$ | $\overline{I_5}$ |
| 0 | 1 | 1 | 0 | $I_6$ | $\overline{I_6}$ |
| 0 | 1 | 1 | 1 | $I_7$ | $\overline{I_7}$ |

数据选择器除了实现有选择地传送数据以外,还可当作逻辑函数产生器,与计数器配合可实现并行数据到串行数据的转换等。

## 三、预习要求

(1)复习教材(《数字电路》龚之春)中数据选择器的有关内容,熟悉 74LS151 的管脚排列。

(2)熟悉把数据选择器当作逻辑函数产生器的原理。

## 四、实验内容及步骤

### 1. 8 选 1 数据选择器 74LS151 基本功能测试

8 选 1 数据选择器 74LS151 的引脚排列如图 3.18 所示。在通用电学实验台上将数据选择器 74LS151 接通电源。在输入端按照表 3.13 加高、低电平,用万用表测量输出电压并将测量结果填入表 3.13。

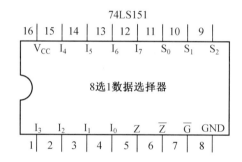

图 3.18　8 选 1 数据选择器 74LS151 的引脚排列

**表 3.13　测量数据选择器 74LS151 功能表**

| 输入 | | | | 输出 |
|---|---|---|---|---|
| 使能 | 选择 | | | $Z$ |
| $G$ | $S_2$ | $S_1$ | $S_0$ | |
| 1 | × | × | × | |
| 0 | 0 | 0 | 0 | |
| 0 | 0 | 0 | 1 | |
| 0 | 0 | 1 | 0 | |
| 0 | 0 | 1 | 1 | |
| 0 | 1 | 0 | 0 | |
| 0 | 1 | 0 | 1 | |
| 0 | 1 | 1 | 0 | |
| 0 | 1 | 1 | 1 | |

### 2. 用 74LS151 实现三位奇数校验器的功能

三位奇数校验器的真值表见表 3.14,要求用 74LS151 实现其功能。

表 3.14　三位奇数校验器的真值表

| 输入 | | | 输出 |
|---|---|---|---|
| $A$ | $B$ | $C$ | $Y$ |
| 0 | 0 | 0 | 0 |
| 0 | 0 | 1 | 1 |
| 0 | 1 | 0 | 1 |
| 0 | 1 | 1 | 0 |
| 1 | 0 | 0 | 1 |
| 1 | 0 | 1 | 0 |
| 1 | 1 | 0 | 0 |
| 1 | 1 | 1 | 1 |

提示:(1)根据真值表写出该逻辑函数的最小项表达式为

$$Y = \overline{A}\,\overline{B}C + \overline{A}B\overline{C} + A\,\overline{B}\,\overline{C}$$

（2）根据上式画出 74LS151 实现三位奇数校验器接线图如图 3.19 所示。按表 3.14 测量相应的输出状态,验证是否满足三位奇数校验器的逻辑功能。

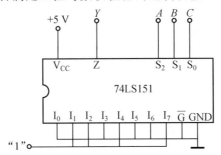

图 3.19　用 74LS151 实现三位奇数校验器接线图

## 五、实验仪器与器材

(1)JD−2000 通用电学实验台一台。

(2)CA8120A 示波器一台。

(3)DT930FD 数字多用表一块。

(4)主要器材有 74LS151 一片、逻辑开关盒一个。

## 六、实验报告

整理实验数据及结果,按要求填写表格,总结数据选择器的基本功能及其应用。

## 七、思考题

(1)除了当作逻辑函数产生器外,数据选择器还有哪些方面的应用?
(2)试用两片 8 选 1 数据选择器组成一个 16 选 1 的数据选择器。

# 实验五　移位寄存器

## 一、实验目的

(1)掌握中规模四位双向移位寄存器逻辑功能及测试方法。
(2)研究由移位寄存器构成的环形计数器和串行累加器的工作原理。

## 二、预习要求

(1)复习有关寄存器内容。
(2)查阅 74LS74 和 74LS194 引脚排列。
(3)用 EWB 仿真实验内容。

## 三、实验原理

在数字系统中能寄存二进制信息,并进行移位的逻辑部件称为移位寄存器。移位寄存器存储信息的方式有串入串出、串入并出、并入串出、并入并出四种形式;移位方向有左移、右移两种。

本实验采用四位双向通用移位寄存器,型号为 74LS194,其引脚排列如图 3.20 所示,$D_A$、$D_B$、$D_C$、$D_D$ 为并行输入端;$Q_A$、$Q_B$、$Q_C$、$Q_D$ 为并行输出端(输出信号为 $Q_A$、$Q_B$、$Q_C$、$Q_D$);$S_R$ 为右移串行输入端;$S_L$ 为左移串行输入端;$S_1$、$S_0$ 为操作模式控制端(控制信号为 $S_1$、$S_0$);CR 为直接无条件清零端;CP 为时钟输入端。

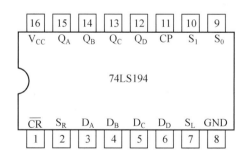

图 3.20　移位寄存器 74LS194 引脚排列

寄存器有四种不同操作模式:①并行寄存;②右移(方向由 $Q_A$—$Q_D$);③左移(方向由 $Q_D$—$Q_A$);④保持。$S_1$、$S_0$ 和 $\overline{CR}$ 的作用见表 3.15。

移位寄存器应用很广,可构成移位寄存器型计数器、顺序脉冲发生器、串行累加器,可用作数据转换,即把串行数据转换为并行数据,或把并行数据转换为串行数据等。本实验研究移位寄存器用作环形计数器和串行累加器的情况。

把移位寄存器的输出反馈到它的串行输入端,就可以进行循环移位,如图 3.21(a)所示的四位右移寄存器中,把输出端 $Q_D$ 和右移串行输入端 $S_R$ 相连接,设初始状态 $Q_A Q_B Q_C Q_D =$ 1000,则在时钟脉冲作用下 $Q_A Q_B Q_C Q_D$ 将依次变为 0100→0010→0001→1000→⋯,其输出波形如图 3.21(b)所示。可见它是一个具有四个有效状态的计数器,图 3.21(a)电路可以由各个输出端输出在时间上有先后顺序的脉冲,因此也可作为顺序脉冲发生器。

表 3.15 移位寄存器功能

| CP | $\overline{CR}$ | $S_1$ | $S_0$ | 功能 | $Q_A$、$Q_B$、$Q_C$、$Q_D$ |
|---|---|---|---|---|---|
| × | 0 | × | × | 清除 | $\overline{CR}=0$,使 $Q_A Q_B Q_C Q_D =0$,寄存器正常工作时,$\overline{CR}=1$。 |
| ↑ | 1 | 1 | 1 | 送数 | CP 上升沿作用后,并行输入数据送入寄存器。$Q_A Q_B Q_C Q_D = D_A D_B D_C D_D$,此时串行数据($S_R$、$S_L$)被禁止 |
| ↑ | 1 | 0 | 1 | 右移 | 串行数据送至右移输入端 $S_R$,CP 上升沿进行右移。$Q_A Q_B Q_C Q_D = D_{SR} Q_A Q_B Q_C$ |
| ↑ | 1 | 1 | 0 | 左移 | 串行数据送至右移输入端 SR,CP 上升沿进行右移。$Q_A Q_B Q_C Q_D = Q_A Q_B Q_C Q_{SL}$ |
| ↑ | 1 | 0 | 0 | 保持 | CP 上升沿是作用后寄存器内容保持不变 $Q_A^D Q_B^D Q_C^D Q_D^D = Q_A Q_B Q_C Q_D$ |
| ↑ | 1 | × | × | 保持 | $Q_A Q_B Q_C Q_D = Q_A^D Q_B^D Q_C^D Q_D^D$ |

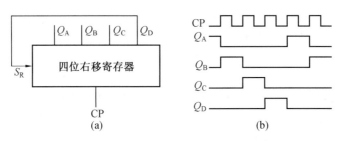

图 3.21 移位寄存器进行循环移位的接线图及输出波形

累加器是由移位寄存器和全加器组成的一种求和电路,它的功能是将本身寄存的数和另一个输入的数相加,并存放在累加器中。

图 3.22 所示为累加器原理图。设开始时,被加数 $A = A_{n-1} \cdots A_0$、加数 $B = B_{n-1} \cdots B_0$ 已分别存入 $n+1$ 累加移位寄存器和加数移位寄存器中,进位触发器已被清零。在第一个 CP 脉冲到来之前,全加器各输入、输出情况为 $A_n = A_0$、$B_n = B_0$、$C_{n-1} = 0$、$S_n = A_0 + B_0 + 0 = S_0$、$C_n = C_1$。在第一个 CP 脉冲到来后,$S_0$ 存入累加移位寄存器最高位,$C_0$ 存入进位触发器 D 端,且两个移位寄存器中的内容都向右移动一位,此时全加器输出为 $S_n = A_1 + B_1 + C_0 = S_1$、$C_n = C_1$。在第二个 CP 脉冲到来后,两个移位寄存器的内容又右移一位,此时全加器的输出为 $S_n = A_2 = B_2 + C_1 = S_2$、$C_n = C_2$。如此顺序进行,到第 $n+1$ 个 CP 脉冲后,不仅原先

存入两个寄存器中的数被全部移出,且 $A$、$B$ 两个数相加的和及最后的进位 $C_{n-1}$ 也被全部存入累加移位寄存器中。若需继续累加,则加数移位寄存器中需再存入新的加数。

中规模集成移位寄存器,其位数往往以四位居多,当需要的位数多于四位时,可把几块移位寄存器用级连的方法来扩展位数。

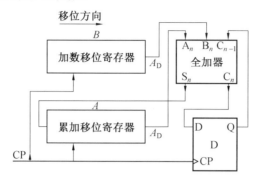

图 3.22　累加器原理图

## 四、实验内容及步骤

### 1. 测试移位寄存器 74LS194 的逻辑功能

按图 3.23 所示接线,输入端 $\overline{CR}$、$S_1$、$S_0$、$S_L$、$S_R$、$D_A$、$D_C$、$D_D$ 分别接逻辑开关(输入端信号为 $\overline{CR}$、$S_1$、$S_0$、$S_L$、$S_R$、$P_A$、$P_C$、$P_D$);输出端 $Q_A$、$Q_B$、$Q_C$、$Q_D$ 接电平指示器(或逻辑开关盒上的发光二极管)(输出端信号为 $Q_A$、$Q_B$、$Q_C$、$Q_D$);CP 接单次脉冲源。按表 3.16 所规定的输入状态,逐项进行测试。

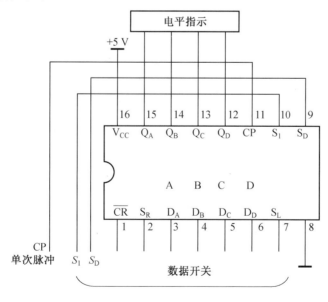

图 3.23　测试移位寄存器

(1)清除。令 $\overline{CR}=0$,其他输入均为任意状态,这时寄存器输出信号 $Q_A$、$Q_B$、$Q_C$、$Q_D$ 均为零。清除功能完成后,置 $\overline{CR}=1$。

（2）送数。令 $\overline{CR}=S_1=S_0=1$，送入任意四位二进制数，如 $D_A D_B D_C D_D=abcd$，加 CP 脉冲，观察 CP＝0、CP 由 0→1、CP 由 1→0 三种情况下寄存器输出状态的变化，分析寄存器输出状态变化是否发生在 CP 脉冲上升沿，并记录。

表 3.16　74LS194 的逻辑功能

| 清除 | 模式 | | 时钟 | 串行 | | 输入 | 输出 | 功能总结 |
|---|---|---|---|---|---|---|---|---|
| $\overline{CR}$ | $S_1$ | $S_0$ | CP | $S_L$ | $S_R$ | $D_A D_B D_C D_D$ | $Q_A Q_B Q_C Q_D$ | |
| 0 | × | × | × | × | × | ×××× | | |
| 1 | 1 | 1 | ↑ | × | × | $abcd$ | | |
| 1 | 0 | 1 | ↑ | × | 0 | ×××× | | |
| 1 | 0 | 1 | ↑ | × | 1 | ×××× | | |
| 1 | 0 | 1 | ↑ | × | 0 | ×××× | | |
| 1 | 0 | 1 | ↑ | × | 0 | ×××× | | |
| 1 | 1 | 0 | ↑ | 1 | × | ×××× | | |
| 1 | 1 | 0 | ↑ | 1 | × | ×××× | | |
| 1 | 1 | 0 | ↑ | 1 | × | ×××× | | |
| 1 | 1 | 0 | ↑ | 1 | × | ×××× | | |
| 1 | 0 | 0 | ↑ | × | × | ×××× | | |

（3）右移。令 $\overline{CR}=1$、$S_1=0$、$S_0=1$，消零，或用并行送数方法把数送入寄存器输出端。由右移输入端 $S_R$ 送入二进制数码如 0100，由 CP 端连续加四个脉冲，观察输出端情况，并记录。

（4）左移。令 $\overline{CR}=1$、$S_1=1$、$S_0=0$，先清零或预置，由左移输入端 $S_L$ 送入二进制数码如 1111，连续加四个 CP 脉冲，观察输出情况，并记录。

（5）保持。寄存器预置任意四位二进制数码 $abcd$，令 $\overline{CR}=1$、$S_1=0$，加 CP 脉冲，观察寄存器输出状态，并记录。

注：保留接线，待用。

**2. 循环移位**

将实验内容 1 接线中输出端 $Q_D$ 及输入端 $S_R$ 与电平指示器及逻辑开关的接线断开，并将输出端 $Q_D$ 与输入端 $S_R$ 直接连接，其他接线均不变动，用并行送数法预置寄存器输出为某二进制数码（如 0100），然后进行右移循环，观察寄存器输出信号变化，记入表 3.17 中。

表 3.17　循环移位

| CP | $Q_A$ | $Q_B$ | $Q_C$ | $Q_D$ |
|---|---|---|---|---|
| 1 | 0 | 1 | 0 | 0 |
| 2 | | | | |
| 3 | | | | |
| 4 | | | | |

**3. 累加运算**

按图 3.23 连接实验电路。$\overline{CR}$、$S_1$、$S_0$ 接逻辑开关,CP 接单次脉冲源,由于逻辑开关数量有限,两寄存器并行输入端 $D_A \sim D_D$ 高电平时接逻辑开关(掷向"1"处),低电平时接地。两寄存器输出接电平指示器。

(1)D 触发器置零。使 74LS74 的 $R_D$ 端为低电平,再变为高电平。

(2)送数。令 $\overline{CR} = S_1 = S_0 = 1$,用并行送数方法把三位加数($A_2$、$A_1$、$A_0$)和三位被加数($B_2$、$B_1$、$B_0$)分别送入累加移位寄存器 A 和加数移位寄存器 B 中。然后进行右移,实现加法运算。连续输入四个 CP 脉冲,观察两个寄存器输出状态变化,记入表 3.18 中。

表 3.18　累加运算

| CP | 加数移位寄存器 | 累加移位寄存器 |
|---|---|---|
| | $Q_A Q_B Q_C Q_D$ | $Q_A Q_B Q_C Q_D$ |
| 0 | | |
| 1 | | |
| 2 | | |
| 3 | | |
| 4 | | |

## 五、实验仪器与器材

(1)JD−2000 通用电学实验台一台。

(2)CA8120A 示波器一台。

(3)DT930FD 数字多用表一块。

(4)主要器材有 74LS194 两片、74LS74 一片、74LS183 一片、逻辑开关盒一个。

## 六、实验报告

(1)分析表 3.16 的实验结果,总结移位寄存器 74LS194 的逻辑功能,写入表格功能总结一栏中。

(2)根据实验内容 2 的结果,画出四位环形计数器的状态转换图及波形图。

(3)分析累加运算所得结果的正确性。

## 七、思考题

(1)在对 74LS194 进行送数后,若要使输出端改成另外的数码,是否一定要使寄存器清零?

(2)使寄存器清零,除采用 $\overline{CR}$ 输入低电平外,可否采用右移或左移的方法?可否使用并行送数法?若可行,如何进行操作?

(3)若进行循环左移,图 3.23 接线应如何改装?

注:CMOS CC4194 四位双向移位寄存器与 TTL 74LS194 功能相同,可互换使用。其

引脚排列如图 3.24 所示。

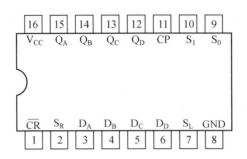

图 3.24  CC4194 引脚排列

# 实验六　A/D 转换实验

## 一、实验目的

(1)熟悉使用集成 ADC0809 实现 8 位模－数转换方法。

(2)掌握测试模－数转换器静态线性的方法,加深对其主要参数意义的理解。

(3)熟悉集成 ADC0809 的性能、引脚功能及其典型应用。

## 二、实验原理

A/D 转换器用于将模拟电量转换为相应的数字量,它是模拟系统到数字系统的接口电路。A/D 转换器在进行转换期间,要求输入的模拟电压保持不变,因此在对连续变化的模拟信号进行模数转换前,需要对模拟信号进行离散处理,即在一系列选定时间上对输入的连续模拟信号进行采样,在样值的保持期间内完成对样值的量化和编码,最后输出数字信号。所以,A/D 转换分为采样－保持和量化与编码两步完成。

采样－保持电路对输入模拟信号抽取样值,并展宽(保持);量化是对样值脉冲进行分级,编码是将分级后的信号转换成二进制代码。在对模拟信号采样时,必须满足采样定理:采样脉冲的频率 $f_s$ 不小于输入模拟信号最高频率分量的 2 倍,即 $f_s \geqslant 2f_{1max}$。这样才能做到不失真地恢复出原模拟信号。

A/D 转换器有多种型号,并联比较型、逐次逼近型和双积分型各有特点,在不同的应用场合应选用不同类型的 A/D 转换器。在高速场合,可选用并联比较型 A/D 转换器,但受位数限制,精度不高,且价格贵;在低速场合,可选用双积分型 A/D 转换器,它精度高,抗干扰能力强。逐次逼近型 A/D 转换器兼顾了上述两种 A/D 转换器的优点,速度较快、精度较高、价格适中,因此应用比较普遍。本实验采用 ADC0809 A/D 转换器实现模－数转换。

ADC0809 芯片简介如下:

(1)ADC0809 A/D 转换器采用的是逐次逼近的原理。其内部结构图如图 3.25 所示。

ADC0809 由单一＋5 V 电源供电,片内带有锁存功能的 8 路模拟多路开关,可对 8 路 0～5 V 的模拟输入电压信号分时进行转换。片内还具有多路开关的地址译码器和锁存电路、稳定的比较器,256R 电阻组成的 T 型网络和树状电子开关及逐次逼近寄存器。通过适

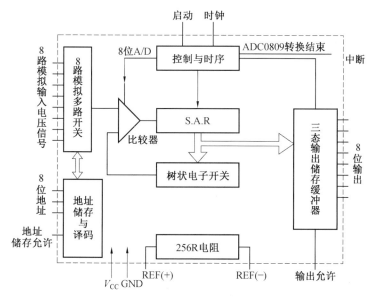

图 3.25　ADC0809 的内部结构图

当的外接电路,ADC0809 可对 0～5 V 的双极性模拟信号进行转换。

(2)ADC0809 管脚功能。

ADC0809 管脚图如图 3.26 所示,图中各功能解释如下。

$IN_0$～$IN_7$——8 路模拟量输入引脚;

REF(+)、REF(−)——参考电压输入;

$D_7$～$D_0$——8 位数字量输出端。$D_0$ 为最低位(LSB),$D_7$ 为最高位(MSB);

CLK——时钟信号输入端;

GND——接地端;

$V_{CC}$——电源(+5 V)端;

START——A/D 转换启动信号输入端;

ALE——地址锁存允许信号输入端;

(以上两个信号用于启动 A/D 转换)

EOC——转换结束信号输出引脚,开始转换时为低电平,当转换结束时为高电平;

OE——输出允许控制端,用以打开三态数据输出锁存器;

A、B、C——地址输入线,经译码后可选 $IN_0$～$IN_7$ 八通道中的一个通道进行转换。

| $IN_2$ | $IN_1$ | $IN_0$ | A | B | C | ALE | $D_7$ | $D_6$ | $D_5$ | $D_4$ | $D_0$ | REF(−) | $D_2$ |
|---|---|---|---|---|---|---|---|---|---|---|---|---|---|
| 28 | 27 | 26 | 25 | 24 | 23 | 22 | 21 | 20 | 19 | 18 | 17 | 16 | 15 |

ADC0809

| 1 | 2 | 3 | 4 | 5 | 6 | 7 | 8 | 9 | 10 | 11 | 12 | 13 | 14 |
|---|---|---|---|---|---|---|---|---|---|---|---|---|---|
| $IN_3$ | $IN_4$ | $IN_5$ | $IN_6$ | $IN_7$ | STRAT | EOC | $D_3$ | OE | CLK | $V_{CC}$ | REF(+) | GND | $D_1$ |

图 3.26　ADC0809 管脚图

## 三、实验内容与步骤

(1)ADC0809 静态线性度测试如图 3.27 所示。

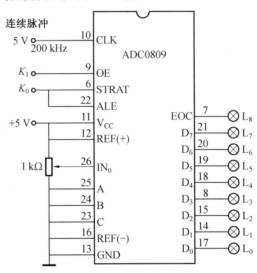

图 3.27  ADC0809 静态线性度测试

(2)按表 3.19 调 1 kΩ 滑动变阻器,使输入电压端的电压与表中给定的值一致,用万用表保证并分别测出对应的输出 8 位二进制码,记入表 3.19。

表 3.19  ADC0809 静态线性记录

| 输入电压/V | 输出值 | | 误差 |
| --- | --- | --- | --- |
| | 理论值 | 实测值 | |
| 0.00 | | | |
| 0.02 | | | |
| 0.04 | | | |
| 0.12 | | | |
| 0.16 | | | |
| 0.24 | | | |
| 0.32 | | | |
| 0.40 | | | |
| 0.50 | | | |
| 2.00 | | | |
| 2.50 | | | |
| 4.00 | | | |
| 4.60 | | | |
| 4.70 | | | |
| 4.80 | | | |
| 4.85 | | | |
| 4.92 | | | |
| 4.96 | | | |
| 5.00 | | | |

### 四、实验仪器与器材

(1)JD—2000 通用电学实验台一台。

(2)CA8120A 示波器一台。

(3)DT930FD 数字多用表一块。

(4)主要器材有 ADC0809 一片、1 kΩ 电位器一个,逻辑开关盒一个。

### 五、实验报告

(1)画出 ADC0804 输入模拟电压与输出数字量之间的关系曲线。

(2)比较实测值与理论值之间的误差分析。

# 实验七　组合逻辑电路的设计与调试(一)

本实验为设计性实验。

### 一、实验目的

(1)熟悉 EWB 软件的仿真实验方法,加深理解组合逻辑电路的分析与设计方法。

(2)测试所设计电路的逻辑功能。

### 二、预习要求

(1)复习组合电路的设计方法。按设计步骤,设计实验内容的逻辑电路图。

(2)认真阅读附录Ⅱ,熟悉 Electronics Workbench(简称 EWB)软件的使用方法。

### 三、设计要求与技术指标

(1)设计一个三人表决电路,A、B、C 三人对某一提案进行表决,如多数赞成,则提案被通过,表决机以指示灯亮来表示;反之指示灯不亮。根据所设计的电路进行仿真实验,检查是否符合设计要求。

(2)设计一个能判断一位二进制数 A 与 B 大小的比较电路。画出逻辑图(用 $L_1$、$L_2$、$L_3$ 分别表示三种状态,即 $L_1(A>B)$、$L_2(A<B)$、$L_3(A=B)$)。

设 A、B 分别接至数据开关,$L_1$、$L_2$、$L_3$ 接至逻辑显示器(灯),将实验结果记入表3.20。

表 3.20　大小比较电路

| $A$ | $B$ | $L_1(A>B)$ | $L_2(A<B)$ | $L_3(A=B)$ |
|-----|-----|------------|------------|------------|
| 0 | 0 | | | |
| 0 | 1 | | | $AB$ |
| 1 | 0 | | | |
| 1 | 1 | | | |

(3)设计一个数据选择器,其逻辑框图如图 3.28 所示,其中 $D_1$、$D_2$、$D_3$ 为数据输入端信号,$A$、$B$ 为数据选择控制端信号。

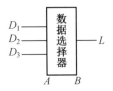

图 3.28　数据选择器逻辑框图

当 $B=0$、$A=0$ 时不选通(或禁止即 $L=0$);$B=0$、$A=1$ 选通 $D_1$;$B=1$、$A=0$ 时选通 $D_2$;$B=1$、$A=1$ 时选通 $D_3$。

## 四、设计提示

数字电路按逻辑功能的特点分为两大类,一类称为组合逻辑电路(简称组合电路),另一类称为时序逻辑电路(简称时序电路)。组合电路由基本门电路组成,其特点是任一时刻的输出信号仅取决于同一时刻的输入信号;而时序电路则由基本门电路加反馈网络组成,其特点是任一时刻的输出信号不仅取决于当时的输入信号,而且与电路原来的状态有关。

组合电路的设计是根据已知工作条件和所要求的逻辑功能,设计出最简逻辑电路图,其设计步骤示意框图如图 3.29 所示。

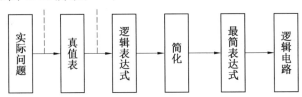

图 3.29　组合电路设计步骤示意框图

逻辑表达式化简是组合电路设计的关键,它关系到电路结构是否最佳,使用门的数量及种类是否最少。由于逻辑表达式不是唯一的,还需从实际出发,结合手边已有的集成门电路种类,将简化的表达式进行改写,使得逻辑功能最易实现。

【例 3.1】　设计一个半加器,并根据所设计的电路进行仿真实验,检查是否符合设计要求。

(1)列出半加器电路的真值表,见表 3.21。

表 3.21　半加器电路的真值表

| $A_i$ | $B_i$ | $S_i$ | $C_i$ |
| --- | --- | --- | --- |
| 0 | 0 | 0 | 0 |
| 0 | 1 | 1 | 0 |
| 1 | 0 | 1 | 0 |
| 1 | 1 | 0 | 1 |

(2)根据真值表写逻辑表达式并化简。

$$S_i = A_i \overline{B_i} + \overline{A_i} B_i$$

$$C_i = A_i B_i$$

(3)根据逻辑表达式画出逻辑图,如图 3.30 所示。

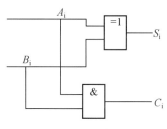

图 3.30 逻辑图

（4）拟定实验电路接线图，如图 3.31 所示。

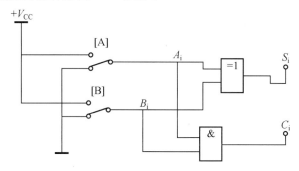

图 3.31 电路接线图

（5）根据所设计的电路进行仿真实验，并将实验结果记入表 3.22，检查是否符合设计要求。

表 3.22 数据记录表

| 输入 | | 输出 | |
|---|---|---|---|
| $A_i$ | $B_i$ | $S_i$ | $C_i$ |
| 低电平 | 低电平 | 灯灭 | 灯灭 |
| 低电平 | 高电平 | 灯亮 | 灯灭 |
| 高电平 | 低电平 | 灯亮 | 灯灭 |
| 高电平 | 高电平 | 灯灭 | 灯亮 |

## 五、实验报告要求

（1）列出各设计电路的真值表。

（2）根据真值表写逻辑表达式并化简。

（3）根据逻辑表达式画出逻辑图。

（4）拟定实验电路接线图。

（5）根据所设计的电路进行仿真实验，检查是否符合设计要求。

## 六、思考与总结

总结组合逻辑电路的设计方法。

# 实验八　组合逻辑电路的设计与调试(二)

## 一、实验目的

(1)了解编码器、译码器、数据选择器等 MSI 的性能及使用方法。

(2)用集成译码器和数据选择器设计简单的逻辑函数产生器。

## 二、预习要求

(1)查出 74LS148、74LS04、74LS48 及 74LS283 的外引线排列图和功能表。

(2)按设计要求与技术指标中的(2)、(3)设计并画出逻辑电路图。

(3)理解图 3.32 的工作原理。

## 三、设计要求与技术指标

(1)在图 3.32 所示编码、译码、显示电路原理图中标出元器件外引线管脚号,并接好线。将 $\bar{I}_0 \sim \bar{I}_7$ 分别接至数据开关,验证编码器 74LS148 和译码器 74LS48 的逻辑功能,并记录实验结果。

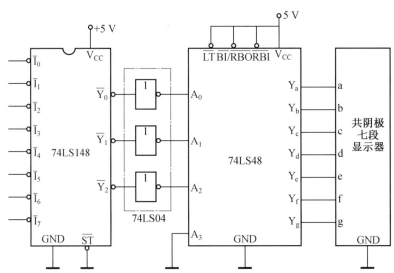

图 3.32　编码、译码、显示电路原理图

(2)试用数据选择器 74LS151(或译码器 74LS138 和与非门)设计一个监测信号灯工作状态的逻辑电路。其条件是,信号灯由红(用 R 表示)、黄(用 Y 代表)和绿(用 G 表示)三种颜色灯组成,正常工作时,任何时刻只能是红灯、绿灯或黄灯当中的一盏灯亮。而当出现其他五盏灯亮状态时,电路发生故障,要求逻辑电路发出故障信号。

设用数据开关的 1、0 分别表示红灯、绿灯、黄灯亮和灭的状态,故障信号由实验器中的灯亮表示,试将设计的逻辑电路用实验验证,并列表记下实验结果。

(3)试用 74LS138 作为数据分配器,画出其逻辑电路图,验证其逻辑功能,并记录实验结果。

（4）在图 3.32 所示电路原理图中标出元器件外引线管脚号，并接好线。验证表 3.23 逻辑功能。

## 四、设计提示

### 1. 编码、译码、显示电路原理

编码、译码、显示电路原理图如图 3.32 所示，该电路由 8 线－3 线优先编码器 74LS148、4 线－7 段译码器/驱动器 74LS48、反相器 74LS04 和共阴极七段显示器等组成。

### 2. 数据选择器的典型应用之一——逻辑函数产生器

8 选 1 数据选择器 74LS151 的外引线排列图和功能表分别如图 3.33 和表 3.23 所示。

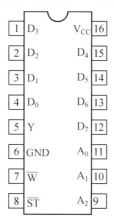

图 3.33　74LS151 外引线排列图

表 3.23　74LS151 功能表

| 输入 | | | | 输出 | |
| --- | --- | --- | --- | --- | --- |
| 选择 | | | 选通 | 数据 | 反码数据 |
| $A_2$ | $A_1$ | $A_0$ | $\overline{ST}$ | $Y$ | $\overline{W}$ |
| $\times$ | $\times$ | $\times$ | 1 | 0 | 1 |
| 0 | 0 | 0 | 0 | $D_0$ | $\overline{D_0}$ |
| 0 | 0 | 1 | 0 | $D_1$ | $\overline{D_1}$ |
| 0 | 1 | 0 | 0 | $D_2$ | $\overline{D_2}$ |
| 0 | 1 | 1 | 0 | $D_3$ | $\overline{D_3}$ |
| 1 | 0 | 0 | 0 | $D_4$ | $\overline{D_4}$ |
| 1 | 0 | 1 | 0 | $D_5$ | $\overline{D_5}$ |
| 1 | 1 | 0 | 0 | $D_6$ | $\overline{D_6}$ |
| 1 | 1 | 1 | 0 | $D_7$ | $\overline{D_7}$ |

由表 3.23 可以看出，当选通输入端 $\overline{ST}=0$ 时，$Y$ 是 $A_2$、$A_1$、$A_0$ 和输入数据 $D_0\sim D_7$ 的与或函数，它的表达式为

$$Y = \sum_{i=0}^{7} m_i D_i$$

式中，$m_i$ 是 $A_2$、$A_1$、$A_0$ 构成的最小项，显然当 $D_i = 1$ 时，其对应的最小项 $m_i$ 在与或表达式中出现；当 $D_i = 0$ 时，对应的最小项就不出现。利用这一点，可以实现组合逻辑函数。

将数据选择器的地址选择输入信号 $A_2$、$A_1$、$A_0$ 作为函数的输入变量，数据输入 $D_0 \sim D_7$ 作为控制信号，控制各最小项在输出逻辑函数中是否出现，选通输入端 $\overline{ST}$ 始终保持低电平，这样，8 选 1 数据选择器就成为一个三变量的函数产生器。

例如，利用八选一数据选择器产生逻辑函数

$$L = \overline{A}\,\overline{B}\,\overline{C} + \overline{A}B\overline{C} + A\,\overline{B}C + AB\overline{C} + ABC$$

可以将此函数改成下列形式

$$L = m_0 D_0 + m_2 D_2 + m_5 D_5 + m_6 D_6 + m_7 D_7$$

考虑到上述两式中没有出现最小项 $m_1$、$m_3$、$m_4$，因而只有 $D_0 = D_2 = D_5 = D_6 = D_7 = 1$，而 $D_1 = D_3 = D_4 = 0$，由此可画出该逻辑函数产生器的逻辑图。用 74LS151 构成逻辑函数产生器如图 3.34 所示。

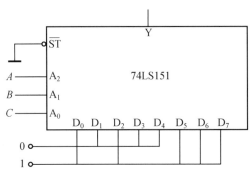

图 3.34　用 74LS151 构成逻辑函数产生器

**3. 3 线－8 线译码器用于逻辑函数产生器和数据分配器**

3 线－8 线译码器 74LS138 的外引线排列图和逻辑功能表分别如图 3.35 和表 3.24 所示。

图 3.35　用 74LS138 外引线排列图

由图 3.35 和表 3.24 可以看出，该译码器有三个选通端：$ST_A$、$\overline{ST_B}$ 和 $\overline{ST_C}$，只有当

$ST_A=1$,$\overline{ST_B}=0$、$\overline{ST_C}=0$ 同时满足时,才允许译码,否则就禁止译码。设置多个选通端,使得该译码器能被灵活地组成各种电路。

表 3.24　74LS138 逻辑功能表

| 输入 | | | | | 输出 | | | | | | | |
|---|---|---|---|---|---|---|---|---|---|---|---|---|
| 选通 | | 译码地址 | | | 译码 | | | | | | | |
| $ST_A$ | $\overline{ST_B}+\overline{ST_C}$ | $A_2$ | $A_1$ | $A_0$ | $\overline{Y_0}$ | $\overline{Y_1}$ | $\overline{Y_2}$ | $\overline{Y_3}$ | $\overline{Y_4}$ | $\overline{Y_5}$ | $\overline{Y_6}$ | $\overline{Y_7}$ |
| $\times$ | 1 | $\times$ | $\times$ | $\times$ | 1 | 1 | 1 | 1 | 1 | 1 | 1 | 1 |
| 0 | $\times$ | $\times$ | $\times$ | $\times$ | 1 | 1 | 1 | 1 | 1 | 1 | 1 | 1 |
| 1 | 0 | 0 | 0 | 0 | 0 | 1 | 1 | 1 | 1 | 1 | 1 | 1 |
| 1 | 0 | 0 | 0 | 1 | 1 | 0 | 1 | 1 | 1 | 1 | 1 | 1 |
| 1 | 0 | 0 | 1 | 0 | 1 | 1 | 0 | 1 | 1 | 1 | 1 | 1 |
| 1 | 0 | 0 | 1 | 1 | 1 | 1 | 1 | 0 | 1 | 1 | 1 | 1 |
| 1 | 0 | 1 | 0 | 0 | 1 | 1 | 1 | 1 | 0 | 1 | 1 | 1 |
| 1 | 0 | 1 | 0 | 1 | 1 | 1 | 1 | 1 | 1 | 0 | 1 | 1 |
| 1 | 0 | 1 | 1 | 0 | 1 | 1 | 1 | 1 | 1 | 1 | 0 | 1 |
| 1 | 0 | 1 | 1 | 1 | 1 | 1 | 1 | 1 | 1 | 1 | 1 | 0 |

在允许译码条件下,由逻辑功能表 3.24 可写出

$$\begin{cases} \overline{Y_0}=\overline{\overline{A_2}\,\overline{A_1}\,\overline{A_0}} \\ \overline{Y_1}=\overline{\overline{A_2}\,\overline{A_1}\,A_0} \\ \vdots \\ \overline{Y_7}=\overline{A_2\,A_1\,A_0} \end{cases}$$

若要产生图 3.34 所示的逻辑函数,即

$$L=\overline{A}\,\overline{B}\,\overline{C}+\overline{A}B\,\overline{C}+A\,\overline{B}C+AB\,\overline{C}+ABC$$

则只要将输入变量 $A$、$B$、$C$ 分别接到 $A_2$、$A_1$、$A_0$ 端,并利用摩根定律进行变换,可得

$$L=\overline{\overline{A}\,\overline{B}\,\overline{C}\cdot\overline{A}B\,\overline{C}\cdot A\,\overline{B}C\cdot AB\,\overline{C}\cdot ABC}=\overline{\overline{Y_0}\,\overline{Y_2}\,\overline{Y_5}\,\overline{Y_6}\,\overline{Y_7}}$$

由此可画出其逻辑图。用 74LS138 构成逻辑函数产生器如图 3.36 所示。

此外,这种带选通输入端的译码器又是一个完整的数据分配器,如果把图 3.35 中的 $ST_A$ 作为数据输入端,而将 $A_2$、$A_1$、$A_0$ 作为地址输入端,则当 $\overline{ST_B}=\overline{ST_C}=0$ 时,从 $ST_A$ 端输入的数据只能通过由 $A_2$、$A_1$、$A_0$ 端所确定的一根输出线送出去。例如,当输入变量 $ABC=100$ 时,$ST_A$ 的状态将以反码形式出现在 $\overline{Y_4}$ 输出端。

**4. 用加法器组成一个代码转换电路,将 BCD 代码的 8421 码转成余 3 码**

以 8421 码作为输入,余 3 码作为输出,可得代码转换电路的逻辑真值表,见表 3.25。

由表可见,$Y_3Y_2Y_1Y_0$ 和 $DCBA$ 所代表的二进制数始终相差 0011,即十进制数的 3。故可得

$$Y_1Y_2Y_3Y_4=DCBA+0011$$

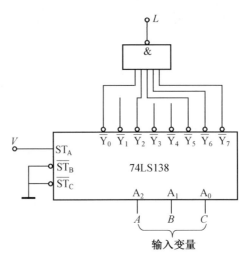

图 3.36 用 74LS138 构成逻辑函数产生器

根据上式,用一片四位加法器 74LS283 便可接成要求的代码转换原理电路,如图 3.37 所示。

表 3.25 8421 码转成余 3 码的逻辑真值表

| 输入 | | | | 输出 | | | |
|---|---|---|---|---|---|---|---|
| $D$ | $C$ | $B$ | $A$ | $Y_3$ | $Y_2$ | $Y_1$ | $Y_0$ |
| 0 | 0 | 0 | 0 | 0 | 0 | 1 | 1 |
| 0 | 0 | 0 | 1 | 0 | 1 | 0 | 0 |
| 0 | 0 | 1 | 0 | 0 | 1 | 0 | 1 |
| 0 | 0 | 1 | 1 | 0 | 1 | 1 | 0 |
| 0 | 1 | 0 | 0 | 0 | 1 | 1 | 1 |
| 0 | 1 | 0 | 1 | 1 | 0 | 0 | 0 |
| 0 | 1 | 1 | 0 | 1 | 0 | 0 | 1 |
| 0 | 1 | 1 | 1 | 1 | 0 | 1 | 0 |
| 1 | 0 | 0 | 0 | 1 | 0 | 1 | 1 |
| 1 | 0 | 0 | 1 | 1 | 1 | 0 | 0 |

## 五、实验报告要求

(1)画出所设计的逻辑电路图,列出实验结果,总结本次实验体会。

(2)举例说明编码器、译码器、数据选择器的用途。

## 六、注意事项

TTL 与非门多余输入端可接高电平,以防引入干扰。

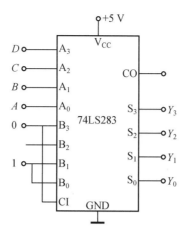

图 3.37 8421 码转成余 3 码原理电路

## 七、思考题

在图 3.32 中,74LS148 的输出端 $\overline{Y}_0$、$\overline{Y}_1$、$\overline{Y}_2$ 与 74LS48 的输入端连接时,为什么要加 74LS04?

# 实验九 集成触发器

## 一、实验目的

(1)熟悉 JK 触发器和 D 触发器两种类型集成触发器的功能及使用方法。
(2)熟悉触发器的应用。

## 二、预习要求

(1)熟悉 JK 触发器和 D 触发器的逻辑功能及使用方法。
(2)按设计要求,画出实验内容的逻辑图,验证其正确性。
(3)用 EWB 仿真所设计的逻辑图。

## 三、实验内容

**1. JK 触发器(74LS112)的功能测试**

JK 触发器 74LS112 的引脚排列及符号如图 3.38 所示。

(1)在通用电学实验台上将 JK 触发器 74LS112 的 $\overline{S}_d$ 和 $\overline{R}_d$ 按照表 3.26 要求改变,观察和记录 $Q$ 与 $\overline{Q}$ 的状态。回答下列问题:

A:触发器在实现正常功能时,$\overline{S}_d$ 和 $\overline{R}_d$ 应处于什么状态?
B:欲使触发器状态 $Q=0$,对直接置位、复位端应如何操作?

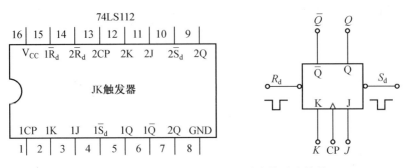

图 3.38　JK 触发器 74LS112 的引脚排列及符号

表 3.26　JK 触发器要求

| $\overline{S_d}$ | $\overline{R_d}$ | $Q$ | $\overline{Q}$ |
|:---:|:---:|:---:|:---:|
| 1 | 1 | | |
| 1 | 1→0 | | |
| 1 | 0→1 | | |
| 1→0 | 1 | | |
| 0→1 | 1 | | |
| 1→0 | 1→0 | | |
| 0→1 | 0→1 | | |

（2）按表 3.27 要求，测试记录触发器的逻辑功能（表中 CP 由单脉冲源供给）。

表 3.27　JK 触发器的逻辑功能

| $\overline{S_d}$ | $\overline{R_d}$ | $J$ | $K$ | CP | $Q_{n+1}$ | |
|:---:|:---:|:---:|:---:|:---:|:---:|:---:|
| | | | | | $Q_n=0$ | $Q_n=1$ |
| 0 | 1 | × | × | × | | |
| 1 | 0 | × | × | × | | |
| 1 | 1 | 0 | 0 | ↓ | | |
| 1 | 1 | 0 | 1 | ↓ | | |
| 1 | 1 | 1 | 0 | ↓ | | |
| 1 | 1 | 1 | 1 | ↓ | | |

（3）触发器处于计数状态（$J=K=1$），CP 端输入 $f=100$ kHz 的方波用示波器观察、记录 CP、$Q$ 和 $\overline{Q}$ 的工作波形。根据波形回答下述问题：

A：$Q$ 状态更新发生在 CP 的哪个边沿？

B：$Q$ 与 CP 两信号的周期有何关系？

C：$Q$ 与 $\overline{Q}$ 的关系如何？

### 2. D 触发器 74LS74 的功能测试

D 触发器 74LS74 的引脚排列及符号如图 3.39 所示。

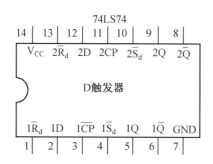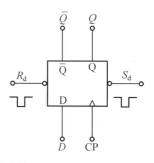

图 3.39　74LS74 的引脚排列及符号

（1）按表 3.28 要求测试并记录 D 触发器 74LS74 的逻辑功能。

表 3.28　D 触发器记录

| $D$ | CP | $Q_{n+1}$ | |
| --- | --- | --- | --- |
| | | $Q_n=0$ | $Q_n=1$ |
| | ↑ | | |
| | ↑ | | |
| | | | |

（2）使触发器处于计数状态（$Q$ 与 $\bar{Q}$）相连，CP 端输入 $f=100\ \text{kHz}$ 的方波，记录 CP、$Q$ 和 $\bar{Q}$ 的工作波形。

**3. 设计一个 4 人智力竞赛抢答电路**

具体要求：每个抢答人操纵一个微动开关，以控制自己的一个指示灯，抢先按动开关者能使自己的指示灯亮起，并封锁其余 3 人的动作（即其余 3 人即使再按动开关也不再起作用），主持人可在最后按"主持人"微动开关使指示灯熄灭，并解除封锁。

所用的触发器可选 JK 触发器 74LS112，或 D 触发器 74LS74；也可采用"与非"门构成基本触发器。

## 四、设计提示

（1）触发器有三种输入端。第一种是直接置位、复位端，用 $\bar{S}_d$ 和 $\bar{R}_d$ 表示，在 $\bar{S}_d=0$（或 $\bar{R}_d=0$）时，触发器将不受其他输入端所处状态影响，使触发器直接置 1（或置 0）；第二种是时钟脉冲输入端，用来控制触发器发生状态更新，用 CP 表示，若 CP 上升沿有效，则逻辑符号无小圈，若 CP 下降沿有效，则逻辑符号有小圈；第三种是数据输入端，它是触发器状态更新的依据。

（2）D 触发器最常见的触发方式是上升沿触发，如 74LS74，即触发器状态的更新发生在时钟脉冲的上升沿，可以有效地克服"空翻"现象。D 触发器的特征方程为

$$Q^{n+1}=D$$

（3）JK 触发器也有边沿触发的，如 74LS112，即触发器状态的更新发生在时钟脉冲的下降沿。

（4）实现智力竞赛抢答器设计的方法很多，这里仅举一例以供参考，4 人抢答器设计如图 3.40 所示。

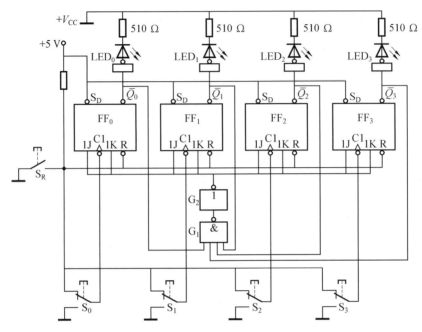

图 3.40  4 人抢答器设计

(5)D 触发器和 JK 触发器是两种应用最广泛的器件。D 触发器除用来组成计数器、锁存器、移位寄存器等时序电路外,还可用来实现某些特定功能,如产生同步单脉冲产生电路、分频电路;JK 触发器也应用较多,它具有很强的抗干扰能力,并且功能更强,使用更灵活。除了用来组成计算器、移位寄存器等时序电路外,还可用来实现某些特定功能,如"1"检出电路、八度音产生电路。

## 五、实验仪器与器材

(1)JD—2000 通用电学实验台一台。

(2)CA8120A 示波器一台。

(3)DT930FD 数字多用表一块。

(4)主要器材有 74LS112 两片、74LS04 一片、74LS20 一片、74LS74 两片、逻辑开关盒一个等。

## 六、实验报告要求

(1)测试电路,记录数据,并对实验结果进行分析。

(2)设计任务要有设计过程和设计逻辑图。

(3)写出所设计的智力竞赛抢答器电路的工作原理及工作过程。

(4)分析讨论实验中发生的现象和问题。

(5)总结本次实验体会。

## 七、思考与总结

总结用触发器设计智力竞赛抢答器的方法。

# 实验十 计数器的设计(一)

## 一、实验目的

(1)掌握计数器的设计方法。
(2)熟悉计数器的工作原理。

## 二、预习提示

(1)复习计数器的设计方法。
(2)熟悉 74LS112、74LS74 的引脚图。
(3)将所设计的逻辑图用 EWB 仿真,验证其正确性。

## 三、设计要求

(1)用 JK 触发器 74LS112 设计一个四进制的同步加法计数器。
(2)用 JK 触发器 74LS112 设计一个四位同步二进制加法计数器。
(3)用 D 触发器 74LS74 设计一个四位异步二进制加法计数器。

## 四、设计提示

### 1. 知识要点提示

计数器是一种重要的时序电路,其类型很多,既可以进行加法计数,又可以进行减法计数。时序逻辑电路的设计原则是:当选用小规模集成电路时,所用的触发器和逻辑门电路的数目应最少,而且触发器和逻辑门电路的输入端数目也应最少,所设计出的逻辑门电路应力求最简。其实验步骤如图 3.41 所示。

图 3.41 实验步骤

二进制计数器的模值为 $2^N$,其中 $N$ 代表位数。

### 2. 设计举例

如果发现电路不能自启动,而设计又要求电路能自启动,就需要重新修改设计。也可以在最初设计过程中注意电路能否自启动,并在发现不能自启动时采取相应措施加以解决。下面举例说明。

【例 3.2】 设计一个七进制计数器,要求它能够自启动。已知该计数器的状态转换图及状态编码如图 3.42 所示。

解 通过图 3.42 的状态转换图画出所要设计电路次态($Q_1^{n+1}Q_2^{n+2}Q_3^{n+3}$)的卡诺图,如图

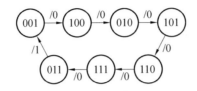

图 3.42　例 3.2 计数器的状态转换图及状态编码

3.43 所示。图中这 7 个状态以外的 000 状态为无效状态。

为清楚起见，将图 3.43 中的卡诺图分解为图 3.44 中的 3 个卡诺图，分别表示 $Q_1^{n+1}$、$Q_2^{n+2}$、$Q_3^{n+3}$。如果单纯地从追求最简结果出发来化简状态方程，则可得到状态方程和输出方程。

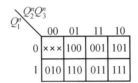

图 3.43　例 3.2 电路次态的卡诺图

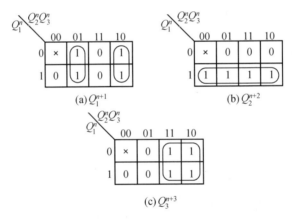

图 3.44　卡诺图的分解

在以上合并 1 的过程中，如果把表示任意项的 × 包括在圈内，则等于把 × 取作 1；如果把 × 画在圈外，则等于把 × 取为 0。这无形中已经为无效状态指定了次态。如果这个指定的次态属于有效循环中的状态，那么电路是能自启动的；反之，如果它也是无效状态，则电路将不能自启动。在后一种情况下，就需要修改状态方程的化简方式，将无效状态的次态改为某个有效状态。

由图 3.44 可见，化简时将所有的 × 全都划在圈外，也就是化简时把它们全取作 0。这也就意味着把图 3.43 中 000 状态的次态仍旧定成 000。这样，电路一旦进入 000 状态，就不可能在时钟信号作用下脱离这个无效状态而进入有效循环，所以电路不能自启动。

为使电路能够自启动，应将图 3.43 中的 ××× 取为一个有效状态，例如取为 010。这时 $Q_2^{n+1}$ 的卡诺图被转换为图 3.45 形式，化简后得到

$$Q_2^{n+1} = \overline{Q}_1 + \overline{Q}_2 \cdot Q_3 \tag{3.1}$$

故式(3.1)的状态方程修改为

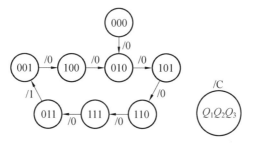

图 3.45　状态转换图

$$
\begin{cases}
Q_1^{n+1} = Q_2 \oplus Q_3 \\
Q_2^{n+1} = Q_1 + \overline{Q_2} \cdot \overline{Q_3} \\
Q_3^{n+1} = Q_2
\end{cases}
\tag{3.2}
$$

若选用 JK 触发器组成这个电路,则应将式(3.2)化成 JK 触发器的标准形式,于是得到

$$
\begin{cases}
Q_1^{n+1} = (Q_2 \oplus Q_3)(Q_1 + \overline{Q_1}) = (Q_2 \oplus Q_3)Q_1 + (Q_2 \oplus Q_3)\overline{Q_1} \\
Q_2^{n+1} = Q_1(Q_2 + \overline{Q_2}) + \overline{Q_2}\,\overline{Q_3} = (Q_1 + \overline{Q_3}) + Q_1 Q_2 \\
Q_3^{n+1} = Q_2(Q_3 + \overline{Q_3}) = Q_2 Q_3 + Q_2 \overline{Q_3}
\end{cases}
\tag{3.3}
$$

由式(3.2)可知各触发器的驱动方程应为

$$
\begin{cases}
J_1 = Q_2 \oplus Q_3 \\
J_2 = \overline{\overline{Q_1 Q_3}} \\
J_3 = Q_2
\end{cases}
\qquad
\begin{cases}
K_1 = \overline{Q_2 \oplus Q_3} \\
K_2 = \overline{Q_1} \\
K_3 = \overline{Q_2}
\end{cases}
\tag{3.4}
$$

计数器的输出进位信号 $C$ 由电路的 011 状态译出,故输出方程为

$$
C = \overline{Q_1} Q_2 Q_3
\tag{3.5}
$$

图 3.46 是依照式(3.4)和式(3.5)画出的逻辑图,它一定能够自启动,已无须再进行检验。它的状态转换图如图 3.45 所示。

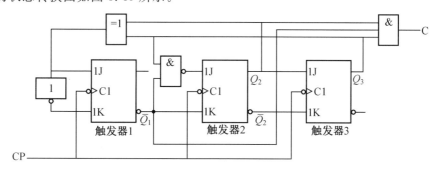

图 3.46　例 3.2 的逻辑图

　　如果化简状态方程时把 000 状态的次态指定为 010 以外 6 个有效状态中的任何一个,所得到的电路也应能自启动。究竟取哪个有效状态为 000 的次态为宜,应视得到的状态方程是否最简单而定。

　　在无效状态不止一个的情况下,为保证电路能够自启动,必须使每个无效状态都能直接或间接地(即经过其他的无效状态以后)转为某一有效状态。

　　【例 3.3】　用 JK 触发器 74LS112 设计一个四进制的同步加法计数器。

**解** 按照计数器的设计步骤：

(1)确定最简原始状态。

原始状态转换图如图 3.47 所示。

图 3.47 原始状态转换图

(2)确定触发器级数，并进行状态编码。

因为
$$N \geqslant \log_2 4$$

所以
$$N = 2$$

状态编码表见表 3.29。

表 3.29 状态编码表

| 状态 | 编码 |
|------|------|
| $S_0$ | 00 |
| $S_1$ | 01 |
| $S_2$ | 10 |
| $S_3$ | 11 |

(3)根据表 3.30 画出状态卡诺图，并写出状态方程和输出方程。

表 3.30 状态卡诺图数据表

| $Q_2^n$ | $Q_1^n$ | |
|---------|---------|---------|
| | 0 | 1 |
| 0 | 01 | 10 |
| 1 | 11 | 00 |

状态方程为
$$Q_1^{n+1} = \overline{Q_1^n}$$
$$Q_2^{n+1} = Q_1^n \overline{Q_2^n} + \overline{Q_1^n} Q_2^n$$

输出方程为
$$C = Q_1^n Q_2^n$$

(4)选择 JK 触发器，特性方程为
$$Q_1^{n+1} = J\,\overline{Q^n} + \overline{K} Q^n$$

比较可得
$$J_2 = Q_1^n, \quad K_2 = Q_1^n, \quad J_1 = K_1 = 1$$

(5)四进制计数器的逻辑接线图如图 3.48 所示。

(6)按图接线并进行电路测试，得出实验结论见表 3.31。

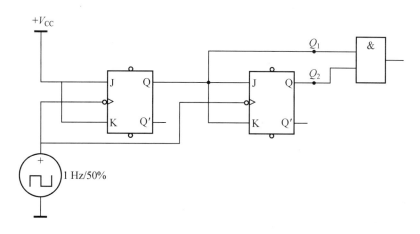

图 3.48 四进制计数器的逻辑接线图

表 3.31 实验结论

| 输入脉冲数 | $Q_1^n$ | $Q_0^n$ | $C$ |
| --- | --- | --- | --- |
| 0 | 0 | 0 | 0 |
| 1 | 0 | 1 | 0 |
| 2 | 1 | 0 | 0 |
| 3 | 1 | 1 | 1 |
| 4 | 0 | 0 | 0 |

## 五、实验仪器与器材

(1)JD－2000 通用电学实验台一台。

(2)CA8120A 示波器一台。

(3)DT930FD 数字多用表一块。

(4)主要器材有 74LS112 两片、74LS74 两片、逻辑开关盒一个等。

## 六、实验报告要求

(1)设计任务要有设计过程和设计逻辑图。

(2)数据记录力求表格化。

(3)总结本次实验体会。

## 七、思考与总结

总结时序逻辑电路的设计方法。

# 实验十一 计数器的设计(二)

## 一、实验目的

(1)熟悉集成计数器的功能特点。
(2)熟悉集成计数器的使用方法。
(3)熟悉反馈归零法设计计数器。

## 二、预习提示

(1)复习集成计数器的逻辑功能。
(2)根据设计要求设计出逻辑图。
(3)用 EWB 仿真所设计的电路,检查是否符合设计要求。

## 三、设计要求与技术指标

(1)对集成计数器 74LS290 按照表 3.32 进行二-五-十进制功能测试,记录实验结果。

表 3.32 二-五-十进制功能测试

| $S_{9A} * S_{9B}$ | $R_{0A} * R_{0B}$ | CP | $Q_3$ | $Q_2$ | $Q_1$ | $Q_0$ |
|---|---|---|---|---|---|---|
| 1 | 0 | × | 1 | 0 | 0 | 1 |
| × | 1 | × | 0 | 0 | 0 | 0 |
| 0 | 0 | ↓ | 计数 | | | |

(2)用集成计数器 74LS290 实现六进制计数器。

(3)用集成计数器 74LS290 实现八进制计数器。

(4)对集成计数器 74LS160 按照表 3.33 进行十进制功能测试,记录实验结果。

表 3.33 十进制功能测试

| CP | $\overline{R}_D$ | $\overline{L}_D$ | EP | ET | 工作状态 |
|---|---|---|---|---|---|
| × | 0 | × | × | × | 置零 |
| ↑ | 1 | 0 | × | × | 预置数 |
| × | 1 | 1 | 0 | 1 | 保持 |
| × | 1 | 1 | × | 0 | 保持 |
| ↑ | 1 | 1 | 1 | 1 | 计数 |

(5)用集成计数器 74LS160 实现五进制计数器。

(6)用集成计数器 74LS160 实现十二进制计数器。

## 四、设计提示

### 1. MSI 时序逻辑电路

MSI 时序功能件常用的有计数器和移位寄存器等,借助元器件手册提供的功能表和工作波形图,就能正确地使用这些元器件。对于一个使用者,要合理地使用元器件,灵活使用元器件的各控制输入端,运用各种设计技巧,完成要求的功能。在使用 MSI 器件时,各控制输入端必须按照逻辑要求接入电路,不允许悬空。

下面,重点讲述两种最常用的集成计数器 74LS290 和 74LS160。

集成计数器种类很多,常用计数器性能见表 3.34。

表 3.34 常用计数器性能

| 计数器种类 | 型号 | 相近型号 | 计数脉冲边沿 | 清除 | 置数 |
|---|---|---|---|---|---|
| 二—五—十进制异步计数器 | 74LS290 | 74LS210 | ↓ | 直接 | 直接置 9 |
| 十进制可预置同步计数器 | 74LS160 | 74LS216 | ↑ | 直接 | 同步 |
| 4 位二进制可预置同步计数器 | 74LS161 | 74LS214 | | | |
| 十进制可预置同步加/减计数器 | 74LS190 | — | ↑ | — | 直接 |
| 4 位二进制可预置同步加/减计数器 | 74LS191 | — | | | |
| 十进制可预置同步加/减计数器(双时钟) | 74LS192 | 74LS217 | ↑ | 直接 | 直接 |
| 4 位二进制可预置同步加/减计数器(双时钟) | T4193 | 74LS215 | 双时钟,不使用时钟端置 1 | 直接 | 直接 |

(1)74LS290 二—五—十进制异步计数器。其引脚图及逻辑符号如图 3.49 所示。

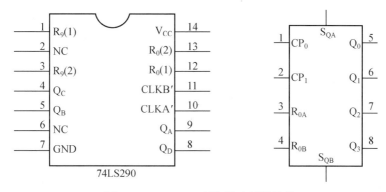

图 3.49 74LS290 引脚图及逻辑符号

图中，$S_{QA}$、$S_{QB}$ 是直接置 9 端，在 $S_9 = S_{QA} \times S_{QB}$ 时，计数输出 $Q_3Q_2Q_1Q_0$ 为 1001，$R_{0A}$、$R_{0B}$ 是直接置 0 端，在 $R_0 = R_{0A} \times R_{0B} = 1$ 时，计数器置 0。整个计数器由两部分组成，第一部分是 1 位二进制计数器，$CP_0$ 和 $Q_0$ 是它的计数输入端和输出端；第二部分是一个五进制部分，$CP_1$ 是它的计数输入端，$Q_3$、$Q_2$、$Q_1$ 是输出端。如果将输出端 $Q_0$ 与 $CP_1$ 相连，计数脉冲从 $CP_0$ 输入，即成为 8421BCD 码计数器，计数器的输出码序是 $Q_3Q_2Q_1Q_0$；将输出端 $Q_3$ 与 $CP_0$ 相连，计数脉冲从 $CP_1$ 输入，便成为 5421BCD 码异步十进制加法计数器，它的输出码序是 $Q_0Q_3Q_2Q_1$。

74LS290 二—五—十进制异步计数器是由一个二进制和一个五进制计数器两个独立部分组成的。两部分级联便构成十（$2 \times 5 = 10$）进制计数，这也是它的最大计数模值。由于它有直接置 9 和直接置 0 两个控制端，所以可用来设计小于十进制的任意 8421BCD 码计数器。经常用它的直接置 0 端来达成此设计目的，该方法便是反馈归零法。

反馈归零法就是将输出的某一有效状态位反馈到直接置 0 端，使计数器复位，从而改变其计数模值。由于它是异步清零，考虑反馈有效状态时要与同步区别开。简单地说，$n(n<10)$ 进制计数设计的反馈有效状态就是 $n$ 的二进制表示，然后找出它的有效位反馈即可。

(2)74LS160 十进制可预置同步计数器。其逻辑符号如图 3.50 所示。

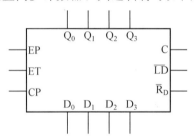

图 3.50　74LS160 逻辑符号

图中，$\overline{LD}$ 为同步预置数控制端；$D_0 \sim D_3$ 为数据输入端；$\overline{R_D}$ 为异步置 0 端；C 为进位输出端；EP 和 ET 为工作状态控制端。

74LS160 十进制可预置同步计数器增加了同步预置端 $\overline{LD}$ 和异步置 0 端 $\overline{R_D}$，可利用这两个控制端来对它进行控制，以达到模值任意设计的目的。其中异步置 0 端 $\overline{R_D}$ 的使用与 74LS290 的 $\overline{R_0}$ 端相同，但同步预置端 $\overline{L_D}$ 的使用就要注意了，因为它是同步预置，考虑有效状态时与异步不同，它要比异步少一个状态。

**2. 设计举例**

【例 3.4】　试利用同步十进制计数器 74LS160 接成同步六进制计数器。

解　因为 74LS160 兼有异步置零和预置数功能，所以置零法和置数法均可采用。图 3.51 所示电路是采用异步置零法将 74LS160 接成的六进制计数器。当计数器计成 $Q_3Q_2Q_1Q_0 = 0110$（即 SM）状态时，担任译码器的门 G 输出低电平信号给 $R_D$ 端，将计数器置零，回到 0000 状态。电路的状态转换图如图 3.52 所示。

由于置零信号随着计数器被置零而立即消失，所以置零信号持续时间极短，如果触发器的复位速度有快有慢，则可能动作慢的触发器还未来得及复位置零信号已经消失，导致电路

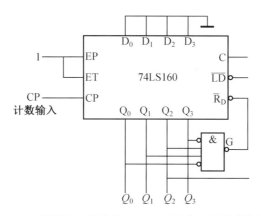

图 3.51　用异步置零法将 74LS160 接成六进制计数器

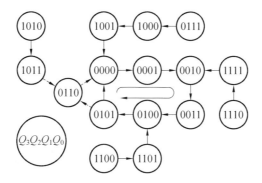

图 3.52　电路的状态转换图

误动作。因此,这种接法的电路可靠性不高。

　　为了克服这个缺点,时常采用图 3.53 所示的改进电路。图中的与非门 $G_1$ 起译码器的作用,当电路进入 0110 状态时,它输出低电平信号;与非门 $G_2$ 和 $G_3$ 组成了基本 RS 触发器,以其 Q 端输出的低电平作为计数器的置零信号。

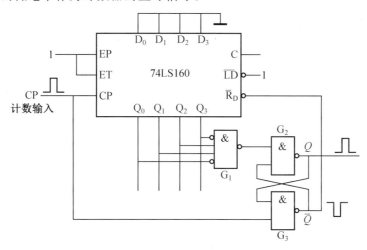

图 3.53　改进电路

若计数器从 0000 状态开始计数,则第六个计数输入脉冲上升沿到达时计数器进入

0110 状态,$G_1$ 输出低电平,将基本 RS 触发器置 1,$\overline{Q}$ 端的低电平立刻将计数器置零。这时虽然 $G_1$ 输出的低电平信号随之消失,但基本 RS 触发器的状态仍保持不变,因而计数器的置零信号得以维持。直到计数脉冲回到低电平以后,基本 RS 触发器被置零,$\overline{Q}$ 端的低电平信号才消失。可见,加到计数器 $\overline{R}_D$ 端的置零信号宽度与输入计数脉冲高电平持续时间相等。

同时,进位输出脉冲也可以从基本 RS 触发器的 Q 端引出。这个脉冲的宽度与计数脉冲高电平宽度相等。

在有的计数器产品中,将 $G_1$、$G_2$、$G_3$ 组成的附加电路直接制作在计数芯片上,这样在使用时就不用外接附加电路。

采用置数法时可以从计数循环中的任何一个状态置入适当的数值而跳越 $N\sim M$ 个状态,得到 $M$ 进制计数器。图 3.54 给出了两个不同的方案,其中图 3.54(a)的接法是用 $Q_3Q_2Q_1Q_0=0101$ 状态译码产生 $\overline{LD}=0$ 信号,下一个 CP 信号到达时置入 0000 状态,从而跳过 $0110\sim1001$ 这 4 个状态,得到六进制计数器,如图 3.55 电路的状态转换图中实线所示。

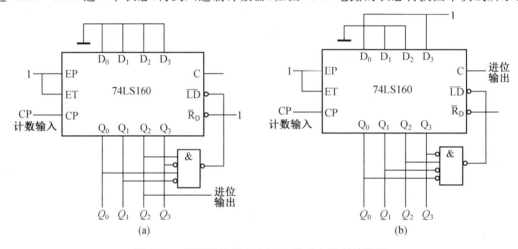

图 3.54　用置数法将 74LS160 接成六进制计数器

从图 3.55 中可以发现,图 3.54(a)电路所取的 6 个循环状态中没有 1001 这个状态。因为进位输出信号 C 是由 1001 状态译码产生的,所以计数过程中 C 端始终没有输出信号。图 3.51 电路也存在同样的问题。这时的进位输出信号只能从 $Q_2$ 端引出。

若采用图 3.54(b)电路的方案,则可以从 C 端得到进位输出信号。在这种接法下,是用 0100 状态译码产生 $\overline{LD}=0$ 信号,下个 CP 信号到来时置入 1001(图 3.55 中的虚线所示),因而循环状态中包含了 1001 这个状态,每个计数循环都会在 C 端给出一个进位脉冲。

由于 74LS160 的预置数是同步式的,即 $\overline{LD}=0$ 以后,还要等下一个 CP 信号到来时才置入数据,而这时 $\overline{LD}=0$ 的信号已稳定地建立,所以不存在异步置零法中因置零信号持续时间过短而可靠性不高的问题。

## 五、实验仪器与器材

(1)JD—2000 通用电学实验台一台。

(2)CA8120A 示波器一台。

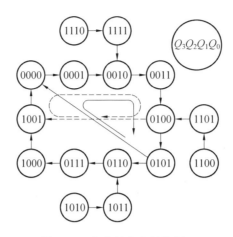

图 3.55 电路的状态转换图

(3)DT930FD 数字多用表一块。

(4)主要器材有 74LS290 一片、74LS160 两片、74LS20 一片、74LS00 一片、逻辑开关盒一个等。

## 六、实验报告要求

(1)测试电路,记录数据,并对实验结果进行分析。

(2)设计任务要有设计过程和设计逻辑图。

(3)总结本次实验体会。

## 七、思考与总结

总结用反馈归零法实现计数器设计的方法。

# 实验十二 多谐振荡器与单稳态触发器的设计

## 一、实验目的

(1)熟悉多谐振荡器的工作原理。

(2)熟悉单稳态触发器的工作原理。

(3)熟悉 555 的内部结构以及工作原理。

## 二、设计任务

(1)用 555 设计多谐振荡器,要求振荡频率为 500 Hz,占空比为 2/3。

(2)用 555 设计单稳态触发器,要求振荡周期为 0.1 ms。

(3)用 555 设计"救护车警铃电路"。

## 三、设计方案

(1)555 设计的多谐振荡器。

①画出所设计的电路图。

②确定 $R_1$、$R_2$、$C$ 的值。

③按所设计的电路接线、测试,并记录输出的电压波形。

④在电路中,改变 $R_1$、$R_2$、$C$ 的值,观察振荡周期的变化,并测出振荡周期,记入表 3.35。

表 3.35 振荡周期记录

| $R_1/\text{k}\Omega$ | $R_2/\text{k}\Omega$ | $C/\mu\text{F}$ | $T$ |
| --- | --- | --- | --- |
| 1 | 13 | 0.1 | |
| 20 | 4 | 0.1 | |

(2)555 设计的单稳态触发器。

①画出所设计的电路图。

②确定 $R$、$C$($C$ 取 0.01 $\mu$F、0.1 $\mu$F 或 1 $\mu$F)的值。

③按所设计的电路接线,用示波器观察输出端的波形,并测出输出脉冲的宽度 $T_w$。

④若使 $T_w = 10\ \mu$s,应怎样调整电路?测出此时各有关的参数值。

(3)用两个 555 构成低频对高频调制的"救护车警铃电路"。

①画出所设计的电路图。

②按图接线,注意扬声器先不接。

③用示波器观察输出波形并记录。

④接扬声器,调整参数到声响效果满意。

# 四、设计提示

(1)利用闭合回路中的正反馈作用可以产生自激振荡,利用闭合回路中的延迟负反馈作用同样也能产生自激振荡,只要负反馈信号足够强。

(2)由于门电路的传输延迟时间极短,TTL 电路只有几十纳秒,所以想获得稍低一些的振荡频率是很困难的,而且频率不易调节。

(3)在电路中接入 RC 电路可以有助于获得较低的振荡频率,而且通过改变 $R$、$C$ 的数值可以很容易实现对振荡频率的调节。

(4)单稳态触发器有稳态和暂稳态两个不同的工作状态。

(5)在外界触发脉冲作用下,单稳态触发器能从稳态翻转到暂稳态,在暂稳态维持一段时间后,再自动返回稳态。

(6)暂稳态维持时间的长短取决于电路本身的参数,与触发脉冲的宽度和幅度无关。

(7)单稳态触发器的暂稳态通常是靠 RC 电路的充、放电过程来维持的。根据 RC 电路的不同接法,把单稳态触发器分为微分型和积分型两种。

(8)555 定时器是一种电路结构简单、使用方便灵活、用途广泛的多功能电路。

(9)多谐振荡器的周期只由 $R_1$、$R_2$、$C$ 决定,占空比:$q = (R_1 + R_2)/(R_1 + 2R_2)$。

【例 3.5】 用 555 定时器构成施密特触发器。

将 555 定时器的 $V_{I1}$ 和 $V_{I2}$ 两个输入端连在一起作为信号输入端,如图 3.56 所示,即可得到施密特触发器。

由于比较器 $C_1$ 和 $C_2$ 的参考电压不同,因而基本 RS 触发器的置 0 信号($V_{C1} = 0$)和置 1

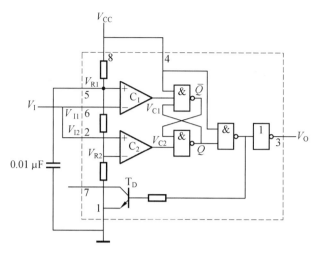

图 3.56 用 555 定时器构成的施密特触发器

信号$(V_{C2}=0)$必然发生在输入信号 $V_I$ 的不同电平。因此,输出电压 $V_O$ 由高电平变为低电平和由低电平变为高电平所对应的 $V_I$ 值也不同,这样就形成了施密特触发特性。

为提高比较器参考电压 $V_{R1}$ 和 $V_{R2}$ 的稳定性,通常在 $V_I$ 端接有 $0.01~\mu F$ 左右的滤波电容。

首先分析 $V_I$ 从 0 逐渐升高的过程:

当 $V_I<\dfrac{1}{3}V_{CC}$ 时,$V_{C1}=1$,$V_{C2}=0$,$Q=1$,故 $V_O=V_{OH}$;

当 $\dfrac{1}{3}V_{CC}<V_I<\dfrac{2}{3}V_{CC}$ 时,$V_{C1}=V_{C2}=1$,$V_O=V_{OH}$ 保持不变;

当 $V_I>\dfrac{2}{3}V_{CC}$ 时,$V_{C1}=0$,$V_{C2}=1$,$Q=0$,故 $V_O=V_{OL}$。

因此,$V_{T+}=\dfrac{2}{3}V_{CC}$。

其次,再看 $V_I$ 从高于 $\dfrac{2}{3}V_{CC}$ 开始下降的过程:

当 $\dfrac{1}{3}V_{CC}<V_I<\dfrac{2}{3}V_{CC}$ 时,$V_{C1}=V_{C2}=1$,故 $V_O=V_{OL}$ 不变;

当 $V_I<\dfrac{1}{3}V_{CC}$ 以后,$V_{C1}=1$,$V_{C2}=0$,$Q=1$,故 $V_O=V_{OH}$。

因此,$V_{T-}=\dfrac{1}{3}V_{CC}$。

由此得到电路的回差电压为

$$\Delta V_T=V_{T+}-V_{T-}=\frac{1}{3}V_{CC}$$

图 3.57 是图 3.56 所示电路的电压传输特性,它是一个典型的反相输出施密特触发特性。

如果参考电压由外接的电压 $V_{CC}$ 供给,则 $V_{T+}=V_{CC}$,$V_{T-}=\dfrac{1}{2}V_{CC}$,$\Delta V_T=\dfrac{1}{2}V_{CC}$。通过改变 $V_{CC}$ 值可以调节回差电压的大小。

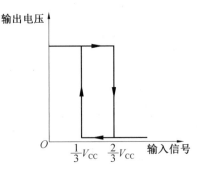

图 3.57　电压传输特性

【例 3.6】　用两个 555 构成低频对高频调制的"救护车警铃电路"。

参考电路如图 3.58 所示。

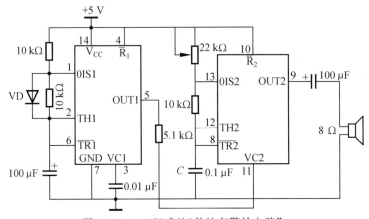

图 3.58　555 组成的"救护车警铃电路"

555 定时器的电源电压范围较宽,可在 +3～+18 V 范围内使用,电路的输出有缓冲器,因而有较强的带负载能力,双极性定时器最大的灌电流和拉电流都在 200 mA 左右,因而可直接推动 TTL 电路或 CMOS 电路中的各种电路,包括能直接推动蜂鸣器等元器件。

## 五、实验报告要求

(1)测试电路,记录数据,并对实验结果进行分析。

(2)设计任务要有设计过程。

(3)分析讨论实验中发生的现象和问题。

(4)总结本次实验体会。

## 六、思考与总结

(1)思考题。

①据观察到的波形和测量结果,分析多谐振荡器输出波形的周期由什么决定?

②单稳态触发器输出脉冲的宽度又由什么决定?

③用 555 如何构成施密特触发器?

(2)提出自己的设计观点。

(3)总结用到的知识点。

# 实验十三  D/A 转换器

## 一、实验目的

(1)熟悉集成 D/A 转换器的基本功能及其应用。

(2)学习集成 D/A 转换器的测试方法。

## 二、实验原理

能把数字信号转换成模拟信号的电路称为数/模转换器,简称 D/A 转换器。它与 A/D 转换器都是计算机或数字仪表中不可缺少的接口电路。

### 1.集成 D/A 转换器的典型结构

集成 D/A 转换器是由倒 T 形电阻网络和模拟开关组成,使用时外加运算放大器。图 3.59 所示的是 $n$ 位 D/A 转换器的原理图。

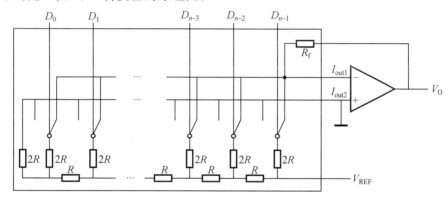

图 3.59  $n$ 位 D/A 转换器的原理图

其输出电压 $V_O$ 与输入数字量 $D_0 \sim D_{n-1}$ 的关系为

$$V_O = -\frac{V_{REF}}{2^n} \cdot \frac{R_f}{R}(D_{n-1} \times 2^{n-1} + D_{n-2} \times 2^{n-2} + \cdots + D_1 \times 2^1 + D_0 \times 2^0)$$

式中  $V_{REF}$——基准电压。

### 2.D/A 转换器的主要技术指标

(1)分辨率。分辨率是指 D/A 转换器模拟输出电压可能被分离的等级数。常用输入数字量的位数 $n$ 来表示。

(2)转换误差。转换误差是指输入端加入最大数字量(全 1)时,D/A 转换器的理论值与实际值之差。它主要受转换器中各元器件参数值的误差、基准电源的稳定程度和运算放大器的零漂大小的影响。

## 三、预习要求

(1)熟悉所用元器件 AD7520、74LS161 管脚的排列。

(2)复习教材中 D/A 转换器的有关内容。

(3)用 EWB 仿真实验内容及所设计的逻辑图。

## 四、实验内容及步骤

### 1. D/A 转换器 AD7520 功能测试

（1）AD7520 为 10 位集成 D/A 转换器，其引脚排列如图 3.60 所示。按图 3.61 接线，图中 10 位二进制数码由实验板上的一组逻辑开关控制。

图 3.60　AD7520 引脚排列

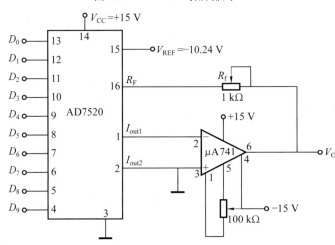

图 3.61　测试 D/A 转换器 AD7520 的功能

（2）使 $D_0 \sim D_9$ 全为零，调节运算放大器的反馈电阻使 $V_O = 0$。

（3）在输入端按照表 3.36 的要求加入数字信号，用数字万用表测量输出电压 $V_O$ 并将测量结果填入表 3.36。

表 3.36　测试 D/A 转换器的功能表

| 输入数字量 | | | | | | | | | | 输出模拟量 |
|---|---|---|---|---|---|---|---|---|---|---|
| $D_9$ | $D_8$ | $D_7$ | $D_6$ | $D_5$ | $D_4$ | $D_3$ | $D_2$ | $D_1$ | $D_0$ | $V_O/V$ |
| 1 | 1 | 1 | 1 | 1 | 1 | 1 | 1 | 1 | 1 | |
| 1 | 0 | 0 | 0 | 0 | 0 | 0 | 0 | 0 | 1 | |
| 1 | 0 | 0 | 0 | 0 | 0 | 0 | 0 | 0 | 0 | |
| 0 | 1 | 1 | 1 | 1 | 1 | 1 | 1 | 1 | 1 | |
| 0 | 0 | 0 | 0 | 0 | 0 | 0 | 0 | 0 | 1 | |
| 0 | 0 | 0 | 0 | 0 | 0 | 0 | 0 | 0 | 0 | |

## 2. 用 D/A 转换器组成阶梯波发生器

由 D/A 转换器 AD7520、二进制计数器 74LS161(图 3.62)和运算放大器 uA741 组成阶梯波发生器。

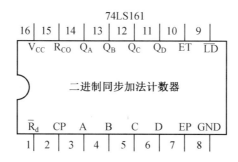

图 3.62　74LS161 引脚排列

将函数发生器调至方波输出，$f=1$ kHz，接到计数器的 CP 端，用示波器观察输出波形并记录之。

阶梯波发生器电路如图 3.63 所示。

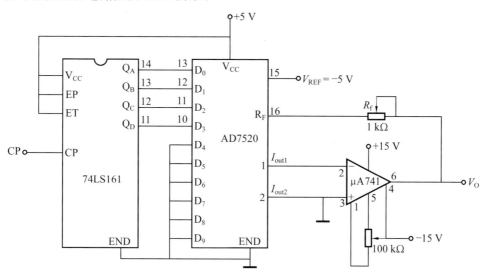

图 3.63　阶梯波发生器电路

## 五、实验仪器与器材

(1)JD－2000 通用电学实验台一台。

(2)CA8120A 示波器一台。

(3)DT930FD 数字多用表一块。

(4)主要器材有 74LS161 一片、AD7520 一片、uA741 一片、逻辑开关盒两个、100 kΩ 电位器一个、1 kΩ 电位器一个。

### 六、实验报告

(1)画出实验电路,整理实验数据,画出实验波形图。

(2)写出所设计的智力竞赛抢答器电路的工作原理及工作过程。

(3)将实验值与理论值比较,分析误差产生的原因。

### 七、思考题

(1)D/A 转换器主要有哪些技术指标?

(2)10 位 D/A 转换器的分辨率是多少?在实际应用中,怎样减小转换误差?

## 实验十四　振荡、计数、译码、显示电路

### 一、实验目的

(1)巩固 555 定时器构成多谐振荡器的方法。

(2)巩固集成 JK 触发器的逻辑功能与应用,以及分频的组成。

(3)组成振荡、分频、计数、译码、显示综合型电路,提高综合分析和应用能力。

### 二、预习要求

(1)复习综合实验各部分原理、功能及管脚的使用。

(2)按设计要求画出实验电路。

(3)用 EWB 仿真所设计的电路,检查是否符合设计要求。

### 三、实验原理及设计提示

本实验电路分别由多谐振荡器、分频器、计数器、译码器和数字显示器五部分组成,图 3.64 所示为振荡、分频、计数、评码、显示原理图。

(1)多谐振荡器。由 555 定时器构成,其波形主要参数估算公式如下:

正脉冲宽度为

$$t_{PH} = 0.69(R_1 + R_2)C$$

负脉冲宽度为

$$t_{PL} = 0.69R_2C$$

重复周期为

$$t = t_{PH} + t_{PL} = 0.69(R_1 + 2R_2)C$$

重复频率为

$$f_0 = 1/T = 1.44(R_1 + 2R_2)C$$

占空比为

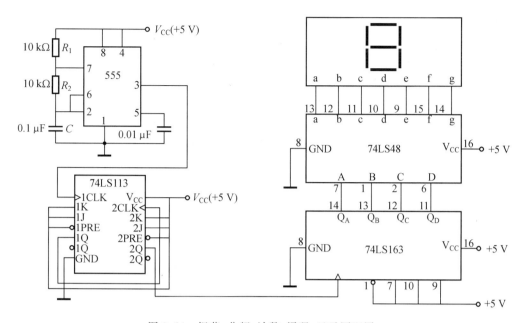

图 3.64　振荡、分频、计数、译码、显示原理图

$$q=(R_1+R_2)/(R_1+2R_2)$$

注意：做计算机仿真实验时，555 定时器必须接复位开关，每启动一次，先将复位开关接到地端，然后，再接高电位端。

（2）分频器。图 3.64 中 74LS113 为 JK 触发器组成分频电路，其输出频率 $f=f_0/4$。74LS113 的引脚图如图 3.65(a) 所示。其中 CLK 为 CP 脉冲输入端，$\overline{PRE}$ 为置位端，低电平有效，正常工作时应接高电平。

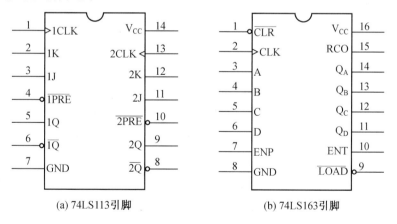

(a) 74LS113引脚　　　　　　(b) 74LS163引脚

图 3.65　74LS113 和 74LS163 引脚

（3）计数器。计数器用于记录脉冲的个数，采用 74LS163（或者 74LS161）组成，其引脚如图 3.65(b) 所示。其中：CLK 端为 CP 脉冲输入端，$\overline{CLR}$ 为清零端，只要 $\overline{CLR}=0$，各触发器均被清零，计数器输出为 0000。不清零时应使 $\overline{CLR}=1$。$\overline{LOAD}$ 为预置数控制端。只要在 $\overline{LOAD}=0$ 的前提下，加入 CP 脉冲上升沿，计数器被计数，即计数器输出 $Q_A$、$Q_B$、$Q_C$、$Q_D$ 等于数据输入端 A、B、C、D 输入的二进制数。这就可以使计数器从预置数开始做加法计

数。不预置时应使$\overline{LOAD}=-1$。ENP、ENT 为功能控制端,当 ENP=ENT=1(CLR=1,$\overline{LOAD}$=1)时,计数器处于计数状态。当计数到 1111 状态时,进位输出 RCO=1。再输入一个计数脉冲,计数器输出由 1111 返回 0000 状态,RCO 由 1 变成 0,作为进位输出信号;当 ENP=0,ENT=1($\overline{CLR}$=1,$\overline{LOAD}$=1)时,计数器处于保持工作状态。不仅计数器输出状态不变,而且进位输出状态也不变;ENP=1,ENT=0(CLR=1,LOAD=1)时,计数器输出状态保持不变,可进位输出 RCO=0。

(4)译码器。译码器就是把输入代码译成相应的输出状态,BCD7DEC(74LS48)是把四位二进制码经内部组合电路"翻译"成七段($a,b,c,d,e,f,g$)输出,然后直接推动 LED,显示 0~15 共 16 个数字。

(5)显示器。显示部分是译码器的输出以数字形式直观显示出来。实验采用共阴极 LED 七段器。使用时可把 BCD7DEC(74LS48)译码器输出端($a,b,c,d,e,f,g$)接到对应的引脚即可。

## 四、实验内容

(1)按图 3.64 组装并测试实验电路。

(2)参照图 3.64 设计二十四进制计数器,并和译码器相连,由显示器显示 1~24 共 24个数字。组装并测试实验电路。(提示:需用两片 74LS163、两片 74LS48 及两片共阴七段显示器。)

(3)用示波器同时观察多谐振器的输出波形与分频器的输出波形,是否起到四分频作用。

(4)观察显示器的计数结果。

## 五、实验仪器与器材

(1)JD-2000 通用电学实验台一台。

(2)CA8120A 示波器一台。

(3)DT930FD 数字多用表一块。

(4)主要器材有 74LS163 两片,74LS48 两片,共阴七段显示器两片,74LS20 一片,555芯片一片,74LS113 芯片一片,10 kΩ 电阻与 1 kΩ 电阻各两只,1 μF、0.1 μF、0.01 μF 电容各一只等。

## 六、实验报告

(1)画出实验电路,整理实验数据,画出实验波形图。

(2)估算多谐振荡器的振荡频率。

(3)记录多谐振荡器的输出波形与分频器的输出波形。

(4)记录显示器的计数状态。

## 七、思考题

有同学测试显示器好坏时,直接从稳压电源取+5 V 作为高电平,直接接到显示器各段上将会产生什么后果,为什么?

# 实验十五 抢答器的设计

本实验为综合性实验。

## 一、实验目的

(1)掌握用组合逻辑电路和集成触发器设计抢答器的方法。

(2)掌握用时序逻辑电路设计抢答器的方法。

(3)熟悉 74LS175、74LS148、74LS279、74LS48 数码管的外引线排列。

## 二、预习要求

(1)熟悉 74LS175、74LS148、74LS279、74LS48 的逻辑功能。

(2)熟悉抢答器的工作原理。

(3)根据设计要求设计出电路图。

(4)用 EWB 仿真所设计的电路图,检查是否符合要求。

## 三、设计要求

(1)用 74LS175、74LS00、74LS20 及辅助元器件(电阻、开关等)实现 4 人抢答器。

(2)用 74LS148、74LS279、74LS48 及辅助元器件(电阻、开关等)实现 8 人抢答器。

## 四、设计提示

### 1. 4 人抢答器

(1)工作原理。

在接通电源时,因为 $S_1 \sim S_4$ 未按下,$U_1$ 的输入端 $D_1 \sim D_4$ 通过电阻$R_1 \sim R_4$接地,$U_1$ 的 4 个输入端为低电平,4 个发光二极管 $LED_1 \sim LED_4$ 不亮,表示没有人抢答,同时,$U_1$ 的 4 个输出端 $\overline{Q}_1 \sim \overline{Q}_4$ 输出全为高电平,经过与非门、非门后为一高电平加到 $U_3A$ 的 4 脚,打开 $U_3A$ 门,使 CP 通过 $U_3B$ 的 1 脚输入,倒相后加到 $U_1$ 的 9 脚,此时 CP 有效,4 个抢答按钮有效。比赛开始当某人按下抢答开关时,如 $S_1$ 先按下,因为此时有 CP 加入 $U_1$ 的 9 脚,所以 $U_1$ 内部 $D_1$ 触发器输出翻转,由低电平变为高电平,$N_1$ 导通 $L_1$ 发光,表示第一人抢答有效。同时,$\overline{Q}_1$ 端输出为低电平,通过与非门、非门后,输出一个低电平,关闭 $U_3B$ 门,使 $U_1$ 的 9 脚为高电平,CP 无效,在此时再按其他抢答开关,输出均无效,$U_1$ 处于锁定状态。下一轮抢答时,主持人按下 $S_5$,$U_1$ 的 1 脚输入一个低电平,使 $U_1$ 的 4 个 D 触发器复位,4 个 Q 端输出为零,4 个 LED 不亮,同时 4 个 Q 端经与非门、非门打开 $U_3B$,使 $U_1$ 的 9 脚输入 CP,为下次抢答做好准备。

(2)电路结构。

4 人抢答器如图 3.66 所示。

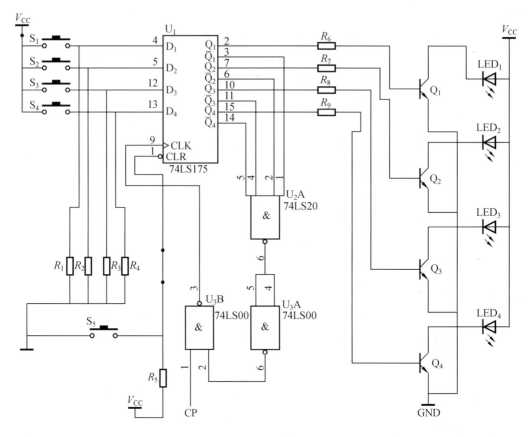

图 3.66　4 人抢答器

## 2. 8 人抢答器

（1）组成框图。

组成框图由主体电路和扩展电路两部分组成。主体电路完成基本的抢答功能，扩展电路完成定时抢答的功能。8 人抢答器框图如图 3.67 所示。

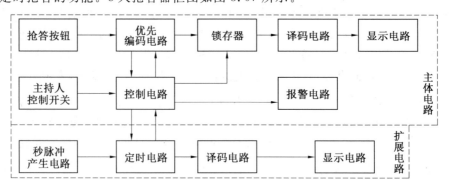

图 3.67　8 人抢答器框图

（2）单元电路设计。

①抢答电路的设计。抢答电路的功能有两个：一是能分辨选手按键的先后，并锁存抢答者的编号，供译码显示电路用；二是使其他选手的按键操作无效。选用优先编码器 74LS148

和 RS 锁存器 74LS279 可完成上述功能。译码电路选用 74LS48 芯片。具体抢答电路如图 3.68 所示,其工作原理为:当主持人控制开关处于"清除"位置时,RS 触发器 $\overline{R}$ 为低电平,输出端(4Q~1Q)全部为低电平。于是 74LS48 的 $\overline{BI}=0$,显示器灭灯;74LS148 的选通输入 $\overline{ST}=0$,74LS148 处于工作状态,此时锁存电路不工作。当主持人开关拨到"开始"位置时,优先编码电路和锁存电路同时工作,等待输入信号 $\overline{I}_7 \sim \overline{I}_0$,当有选手按下键时,74LS148 的输出 $\overline{Y}_2 \overline{Y}_1 \overline{Y}_0 = 010$,$\overline{Y}_{EX} = 0$,经 RS 锁存器后,CTR=1,$\overline{BI}=1$,74LS279 处于工作状态,4Q3Q2Q=101,经 74LS48 译码后,显示器显示选手编号。此外,CTR=1,使 74LS148 的 $\overline{ST}$ 为高电平,74LS148 处于禁止工作状态,封锁了其他选手按键的输入。当按下的键松开后,74LS148 的 $\overline{Y}_{EX}$ 为高电平,但由于 CTR 维持高电平不变,所以 74LS148 仍处于禁止工作状态,其他选手的输入不会被接收,保证了抢答者的优先性及抢答电路的准确性。抢答完后,主持人使抢答电路复位,以便进行下轮抢答。

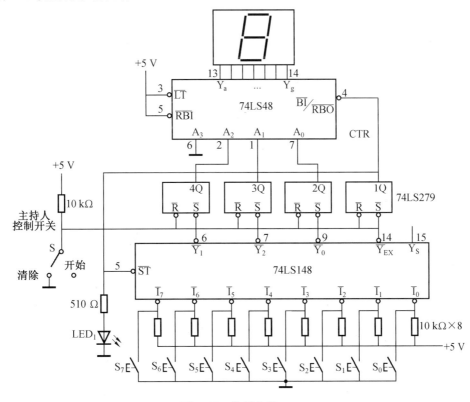

图 3.68  抢答电路

②定时电路设计。节目主持人根据抢答题的难易程度,设定一次抢答的时间,通过预置时间电路对计数器进行预置,选用十进制同步加/减计数器 74LS192 进行设计,计数器的时钟脉冲由秒脉冲电路提供,定时电路如图 3.69 所示,电路工作原理请读者自己分析。

③报警电路设计。由 555 定时器和三极管构成的报警电路如图 3.70 所示,555 定时器构成多谐振荡器,振荡频率为 $f = 1.43/(R_1 + 2R_2)C$。其输出信号经三极管推动扬声器,PR 为高电平时,多谐振荡器工作,否则振荡器停振。

④时序控制电路设计。该电路的设计是抢答器设计的关键,它完成三部分功能。

i. 主持人将控制开关拨到"开始"位置时,扬声器发声抢答电路和定时电路进入正常工

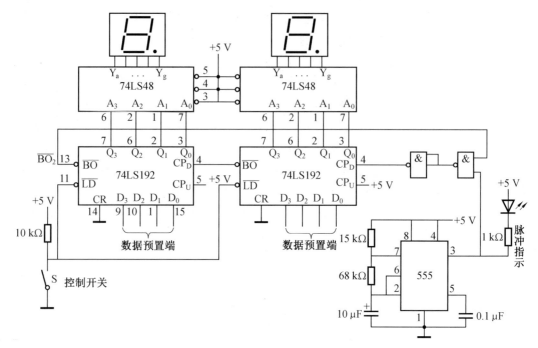

图 3.69　定时电路

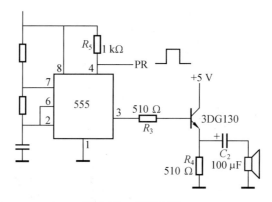

图 3.70　报警电路

作状态。

　　ii. 当参赛选手按动抢答键时,扬声器发声,抢答电路和定时电路停止工作。

　　iii. 当设定的抢答时间到,无人抢答时,扬声器发声,同时抢答电路和定时电路停止工作。

　　根据上面的功能要求以及图 3.69 和图 3.70,设计的时序控制电路如图 3.71 所示。

　　图中,门 $G_1$ 的作用是控制时钟信号 CP 的放行与禁止,门 $G_2$ 的作用是控制 74LS148 的输入使能端 $\overline{ST}$。图 3.71(a)的工作原理是,主持人控制开关从"清除"位置拨到"开始"位置时,来自于图 3.68 中的 74LS279 的输出 CTR＝0,经 $G_3$ 反相,A＝1,则从 555 输出端来的时钟信号 CP 能够加到 74LS192 的 $CP_D$ 时钟输入端,定时电路进行递减计时。同时,在定时时间未到时,来自于图 3.69 中 74LS192 的借位输出端 $\overline{BO_2}$＝1,门 $G_2$ 的输出 $\overline{ST}$＝0,使 74LS148 处于正常工作状态,从而实现功能 i 的要求。当选手在定时时间内按动抢答键时,

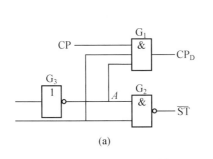
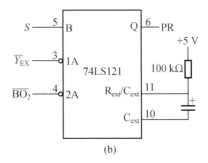

图 3.71 时序控制电路

$CTR=1$,经 $G_3$ 反相,$A=0$,封锁 CP 信号,定时器处于保持工作状态;同时,门 $G_2$ 的输出 $\overline{ST}=1$,74LS148 处于禁止工作状态,从而实现功能 ii 的要求。当定时时间到时,来自 74LS192 的 $\overline{BO_2}=0$,$\overline{ST}=1$,74LS148 处于禁止工作状态,禁止选手进行抢答。同时,门 $G_1$ 处于关门状态,封锁 CP 信号,使定时电路保持 00 状态不变,从而实现功能 iii 的要求。74LS121 用于控制报警电路及发声的时间。

(3)设计步骤提示。

①拟定定时抢答器的组成框图。

②设计并安装各单元电路,要求布线整齐、美观,便于级联与调试。

③测试定时抢答器的逻辑功能,以满足设计功能要求。

④画出定时抢答器的整机逻辑电路图。

⑤写出综合设计性实验报告。

(4)整机电路设计。

经过以上单元电路的设计,得到定时抢答器的整机参考电路如图 3.72 所示。

## 五、实验报告要求

(1)设计任务要有设计过程和设计逻辑图。

(2)总结本次实验体会。

## 六、思考与总结

总结设计综合电路的方法。

# 实验十六 交通灯控制电路

## 一、实验目的

(1)巩固数字逻辑电路的理论知识。

(2)学习将数字逻辑电路灵活运用于实际生活。

## 二、预习要求

(1)复习数字系统设计基础。

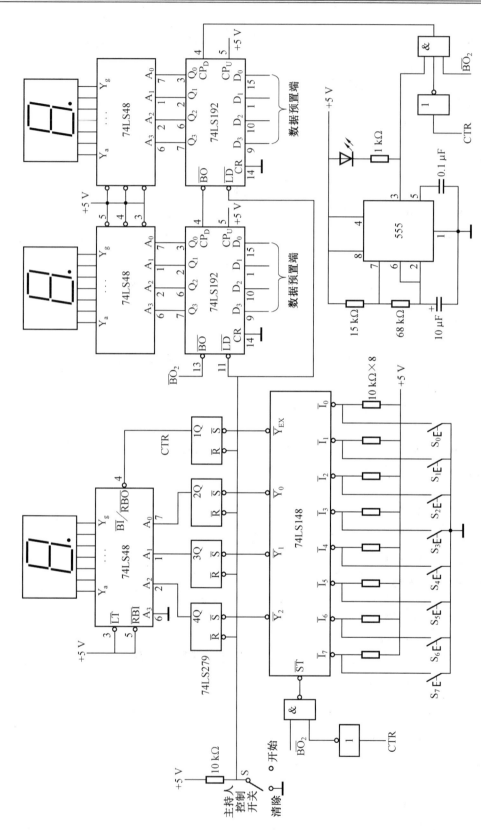

图3.72 定时抢答器的整机参考电路

（2）复习多路数据选择器、计数器的工作原理。

（3）根据交通灯控制系统框图,画出完整的电路图。

## 三、设计任务与要求

（1）设计一个十字路口的交通灯控制电路,要求甲车道和乙车道两条交叉道路上的车辆交替运行,每次通行时间都设为 25 s。

（2）要求黄灯先亮 5 s,才能变换运行车道。

（3）黄灯亮时,要求每秒钟闪亮一次。

## 四、设计提示

在城镇街道的十字交叉路口,为保证交通秩序和行人安全,一般在每条道路上各有一组红、黄、绿交通信号灯,其中红灯亮,表示该条道路禁止通行;黄灯亮表示该条道路上未过停车线的车辆停止通行,已过停车线的车辆继续通行;绿灯亮表示该条道路允许通行。交通灯控制电路自动控制十字路口两组红、黄、绿交通灯的状态转换,指挥各种车辆和行人安全通行,实现十字路口交通管理的自动化。

**1. 分析系统的逻辑功能,画出其框图**

交通灯控制系统原理框图如图 3.73 所示。它主要由控制器、定时器、译码器和秒脉冲发生器等部分组成。秒脉冲发生器是该系统中定时器和控制器的标准时钟信号源;译码器输出两组信号灯的控制信号,经驱动电路后驱动信号灯工作;控制器是系统的主要部分,由它控制定时器和译码器的工作。

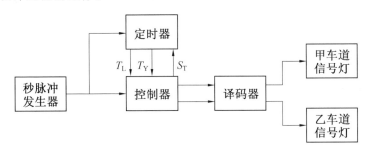

图 3.73　交通灯控制系统原理框图

图中,$T_L$ 表示甲车道或乙车道绿灯亮的时间间隔为 25 s,即车辆正常通行的时间间隔。定时时间到,$T_L=1$,否则,$T_L=0$。

$T_Y$ 表示黄灯亮的时间间隔为 5 s。定时时间到,$T_Y=1$,否则,$T_Y=0$。

$S_T$ 表示定时器到了规定的时间后,由控制器发出状态转换信号。由它控制定时器开始下一个工作状态的定时。

**2. 画出交通灯控制器的算法状态机(Algorithmic State Machine,ASM)图**

一般十字路口的交通灯控制系统的工作过程如下。

（1）甲车道绿灯亮,乙车道红灯亮。表示甲车道上的车辆允许通行,乙车道禁止通行。绿灯亮足规定的时间间隔 $S_L$ 时,控制器发出状态转换信号 $S_T$,转到下一工作状态。

（2）甲车道黄灯亮,乙车道红灯亮。表示甲车道上未过停车线的车辆停止通行,已过停车线的车辆继续通行,乙车道禁止通行。黄灯亮足规定的时间间隔 $T_Y$ 时,控制器发出状态转换信号 $S_T$,转到下一工作状态。

(3)甲车道红灯亮,乙车道绿灯亮。表示甲车道禁止通行,乙车道上的车辆允许通行。绿灯亮足规定的时间间隔 $T_L$ 时,控制器发出状态转换信号 $S_T$,转到下一工作状态。

(4)甲车道红灯亮,乙车道黄灯亮。表示甲车道禁止通行,乙车道上未过停车线的车辆停止通行,已过停车线的车辆继续通行。黄灯亮足规定的时间间隔 $T_Y$ 时,控制器发出状态转换信号 $S_T$,系统又转换到第(1)种工作状态。

交通灯以上 4 种工作状态的转换是由控制器进行控制的。设控制器的 4 种状态编码为 00、01、10、11,并分别用 $S_0$、$S_1$、$S_2$、$S_3$ 表示,则控制器的工作状态及其功能见表 3.37。

表 3.37　控制器工作状态及其功能

| 控制器状态 | 信号灯状态 | 车道运行状态 |
| --- | --- | --- |
| $S_0$(00) | 甲绿,乙红 | 甲车道通行,乙车道禁止通行 |
| $S_1$(01) | 甲黄,乙红 | 甲车道缓行,乙车道禁止通行 |
| $S_3$(11) | 甲红,乙绿 | 甲车道禁止通行,乙车道通行 |
| $S_2$(10) | 甲红,乙黄 | 甲车道禁止通行,乙车道缓行 |

控制器应送出甲、乙车道红灯、黄灯、绿灯的控制信号。为简便起见,把灯的代号和灯的驱动信号合二为一,并做如下规定:

①AG＝1,甲车道绿灯亮;BG＝1,乙车道绿灯亮;

②AY＝1,甲车道黄灯亮;BY＝1,乙车道黄灯亮;

③AR＝1,甲车道红灯亮;BR＝1,乙车道红灯亮。

由此得到交通灯控制器的 ASM 图,如图 3.74 所示。设控制器的初始状态为 $S_0$(用状态框表示 $S_0$),当 $S_0$ 的持续时间小于 25 s 时,$T_L$＝0(用判断框表示 $T_L$),控制器保持 $S_0$ 不变。只有当 $S_0$ 的持续时间等于 25 s 时,$T_L$＝1,控制器发出状态转换信号 $S_T$(用条件输出框表示 $S_T$),并转换到下一个状态。依此类推可以弄懂 ASM 图所表达的含义。

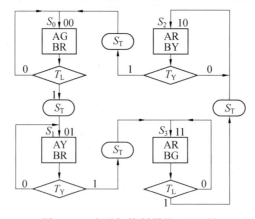

图 3.74　交通灯控制器的 ASM 图

### 3. 单元电路的设计

(1)定时器。定时器由与系统秒脉冲(由时钟脉冲产生器提供)同步的计数器构成,要求计数器在状态转换信号 $S_T$ 作用下,首先清零,然后在时钟脉冲上升沿作用下,计数器从零开始进行增 1 计数,向控制器提供模 5 的定时信号 $T_Y$ 和模 25 的定时信号 $T_L$。

计数器选用集成电路 74LS163 进行设计较简便。74LS163 是二进制同步计数器,它具有同步清零、同步置数的功能。74LS163 的外引线排列图如图 3.75 所示,其功能表见表 3.38。图中,$\overline{CR}$ 是低电平有效的同步清零输入端;$\overline{LD}$ 是低电平有效的同步并行置数控制端;$CT_P$、$CT_T$ 是计数控制端;CO 是进位输出端;$D_0 \sim D_3$ 是并行数据输入端;$Q_0 \sim Q_3$ 是数据输出端。由两片 74LS163 级联组成的定时器电路如图 3.76 所示。电路的工作原理请自行分析。

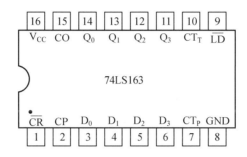

图 3.75　74LS163 的外引线排列图

表 3.38　74LS163 功能表

| | | | 输入 | | | | | | | | 输出 | |
|---|---|---|---|---|---|---|---|---|---|---|---|---|
| $\overline{CR}$ | $\overline{LD}$ | $CT_P$ | $CT_T$ | CP | $D_0$ | $D_1$ | $D_2$ | $D_3$ | $Q_0$ | $Q_1$ | $Q_2$ | $Q_3$ |
| 0 | × | × | × | × | × | × | × | × | 0 | 0 | 0 | 0 |
| 1 | 0 | × | × | ↑ | $d_0$ | $d_1$ | $d_2$ | $d_3$ | $d_0$ | $d_1$ | $d_2$ | $d_3$ |
| 1 | 1 | 1 | 1 | ↑ | × | × | × | × | 计数 | | | |
| 1 | 1 | 0 | × | ↑ | × | × | × | × | 保持 | | | |
| 1 | 1 | × | 0 | × | × | × | × | × | 保持 | | | |

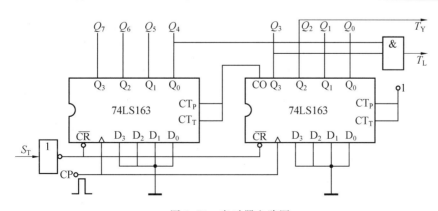

图 3.76　定时器电路图

(2)控制器。控制器是交通管理的核心,它应该能够按照交通管理规则控制信号灯工作状态的转换。从 ASM 图可以列出控制器状态转换表,见表 3.39。选用两个 D 触发器 $FF_1$、$FF_0$ 作为时序寄存器产生 4 种状态,控制器状态转换的条件为 $T_L$ 和 $T_Y$,当控制器处于 $Q_1^n Q_0^n = 00$ 状态时,如果 $T_L = 0$,则控制器保持在 00 状态;如果 $T_L = 1$,则控制器转换到 $Q_1^{n+1} Q_0^{n+1} = 01$ 状态。这两种情况与条件 $T_Y$ 无关,所以用无关项"×"表示。其余情况依次类推,同时表中还列出了状态转换信号 $S_T$。

表 3.39　控制器状态转换表

| 输入 | | | | 输出 | | |
|---|---|---|---|---|---|---|
| 现态 | | 状态转换条件 | | 次态 | | 状态转换信号 |
| $Q_1^n$ | $Q_0^n$ | $T_L$ | $T_Y$ | $Q_1^{n+1}$ | $Q_0^{n+1}$ | $S_T$ |
| 0 | 0 | 0 | × | 0 | 0 | 0 |
| 0 | 0 | 1 | × | 0 | 1 | 1 |
| 0 | 1 | × | 0 | 0 | 1 | 0 |
| 0 | 1 | × | 1 | 1 | 1 | 1 |
| 1 | 1 | 0 | × | 1 | 1 | 0 |
| 1 | 1 | 1 | × | 1 | 0 | 1 |
| 1 | 0 | × | 0 | 1 | 0 | 0 |
| 1 | 0 | × | 1 | 0 | 0 | 1 |

根据表 3.39,可以推出状态方程和转换信号方程,其方法是:将 $Q_1^{n+1}$、$Q_0^{n+1}$ 和 $S_T$ 为 1 的项所对应的输入或状态转换条件变量相与,其中"1"用原变量表示,"0"用反变量表示,然后将各与项相或,即可得到下面的方程:

$$\begin{cases} Q_1^{n+1} = \overline{Q_1^n} Q_0^n T_Y + Q_1^n Q_0^n + Q_1^n \overline{Q_0^n}\, \overline{T_Y} \\ Q_0^{n+1} = \overline{Q_1^n Q_0^n} T_L + \overline{Q_1^n} Q_0^n + Q_1^n Q_0^n\, \overline{T_L} \\ S_T = \overline{Q_1^n Q_0^n} T_L + \overline{Q_1^n} Q_0^n T_Y + Q_1^n Q_0^n T_L + Q_1^n \overline{Q_0^n} T_Y \end{cases}$$

根据以上方程,选用数据选择器 74LS153 来实现每个 D 触发器的输入函数,将触发器的现态值($Q_1^n$、$Q_0^n$)加到 74LS153 的数据选择输入端作为控制信号,即可实现控制器的功能。控制器逻辑图如图 3.77 所示。图中 $R$、$C$ 构成上电复位电路。

(3)译码器。译码器的主要任务是将控制器的输出 $Q_1$、$Q_0$ 的 4 种工作状态,翻译成甲、乙车道上 6 个信号灯的工作状态。控制器状态编码与信号灯关系表见表 3.40。实现上述关系的译码电路请读者自行设计。

表 3.40　控制器状态编码与信号灯关系表

| 状态 | AG | AY | AR | BG | BY | BR |
|---|---|---|---|---|---|---|
| 00 | 1 | 0 | 0 | 0 | 0 | 1 |
| 01 | 0 | 1 | 0 | 0 | 0 | 1 |
| 11 | 0 | 0 | 1 | 1 | 0 | 0 |
| 10 | 0 | 0 | 1 | 0 | 1 | 0 |

## 4. 设计举例

【例 3.7】　设计交通灯控制电路。要求:十字路口交通灯一个方向为绿灯或黄灯另一

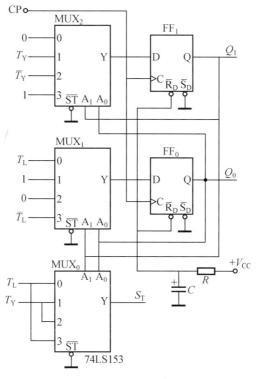

图 3.77  控制器逻辑图

个方向必须是红灯,无论是东西方向还是南北方向均绿灯亮 24 s,黄灯亮 4 s,红灯亮 28 s。

(1)首先构成一个五十六进制计数器。十字路口的交通灯控制是一个循环过程,控制流程图如图 3.78 所示,从图中可知,若提供周期为 1 s 的时钟脉冲,则每个循环周期中含有 56 个时钟脉冲,因此设计的第一步是要构成一个五十六进制的计数器,可用触发器或中规模计数器来实现。

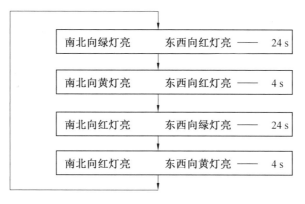

图 3.78  控制流程图

(2)确定输出状态。根据计数器的 6 个状态,列出东西向红灯、黄灯、绿灯及南北向红灯、黄灯、绿灯的输出状态,用组合电路的设计方法列出各输出灯的逻辑表达式,并用与非门实现之。状态转换表见表 3.41。

表 3.41　状态转换表

| 南北 | | | 东西 | | | 时间/s |
|---|---|---|---|---|---|---|
| 绿灯 | 黄灯 | 红灯 | 绿灯 | 黄灯 | 红灯 | |
| 1 | 0 | 0 | 0 | 0 | 1 | 24 |
| 0 | 1 | 0 | 0 | 0 | 1 | 4 |
| 0 | 0 | 1 | 1 | 0 | 0 | 24 |
| 0 | 0 | 1 | 0 | 1 | 0 | 4 |

(3)画交通灯控制电路原理图如图 3.79 所示。

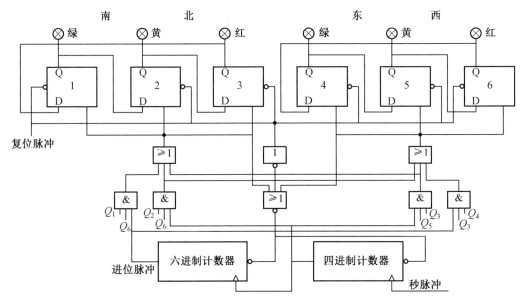

图 3.79　交通灯控制电路原理图

(4)选器件,画实验连线图。(略)

(5)组装调试。(略)

## 五、实验内容

(1)设计、组装译码器电路,其输出接甲、乙车道上的 6 只信号灯(实验时用发光二极管代替),验证电路的逻辑功能。

(2)设计、组装秒脉冲产生电路。

(3)组装、调试定时电路。当 CP 信号为 1 kHz 方波时,画出 CP、$Q_0$、$Q_1$、$Q_2$、$Q_3$、$Q_4$、$T_L$、$T_Y$ 的波形,并注意它们之间的时序关系。

(4)组装、调试控制器电路。

(5)完成交通灯控制电路的联调,并测试其功能。

## 六、实验仪器与器材

(1)JD－2000 通用电学实验台一台。

（2）CA8120A 示波器一台。

（3）DT930FD 数字多用表一块。

（4）主要器材有集成电路 74LS74 一片、74LS10 一片、74LS00 两片、74LS153 两片、74LS163 两片、555 一片、51 kΩ 电阻一只、200 Ω 电阻六只、10 μF 电容一只、逻辑开关盒一个等。

### 七、实验报告要求

（1）写出设计过程、画出实验电路原理图，并标明各元器件的参数值。

（2）绘出实验中的时序波形，整理实验数据，并加以说明。

（3）写出实验过程中出现的故障现象及其解决办法。

（4）心得、体会与建议。

# 实验十七　随机存取存储器的应用

### 一、实验目的

（1）掌握使用静态随机存取存储器。

（2）加深总线概念的理解。

（3）熟悉译码器、数码显示器的使用。

### 二、预习要求

（1）了解随机存取存储器的基本工作原理，区分地址码与存储内容两个不同概念。

（2）查阅 CMOS 集成电路的使用规则。

### 三、设计提示

#### 1. RAM2114A 工作原理

RAM2114A 是一种 $1\ 024 \times 4$ 位的静态随机存取存储器，采用高性能金属氧化物半导体（High performance Metal-Oxide Semicorductor，HMOS）工艺制作，它的逻辑符号与框图如图 3.80 所示，各引出端功能表见表 3.42。

表 3.42　RAM2114A 引出端功能表

| 端名 | 功能 |
| --- | --- |
| $A_9 \sim A_0$ | 地址输入端 |
| WE | 写选通 |
| CS | 芯片选择 |
| $I/O_4 \sim I/O_1$ | 数据输入/输出端 |
| $V_{CC}$ | +5 V |

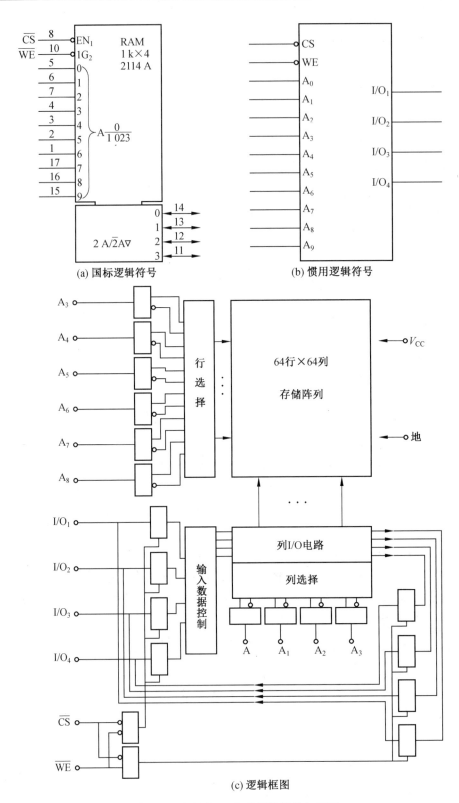

(a) 国标逻辑符号　　　　　　(b) 惯用逻辑符号

(c) 逻辑框图

图 3.80　RAM2114A 的逻辑符号与框图

RAM2114A 具有下列特点。

(1)采用直接耦合的静态电路,不需要时钟信号驱动,也无须刷新。

(2)不需要地址建立时间,存取特别简单。

(3)在 $\overline{CS}=0$、$\overline{WE}=1$ 时读出信息,读出是非破坏性的。

(4)在 $\overline{CS}=0$ 时,$\overline{WE}$ 输入一个负脉冲,则能写入信息;同样,在 $\overline{WE}=0$ 时,$\overline{CS}$ 输入一个负脉冲,也能写入信息。因此为了防止误写入,在改变地址码时,$\overline{WE}$ 或 $\overline{CS}$ 必须至少有一个为 1。

(5)输入、输出信号是同极性的,使用公共的 I/O 端,能直接与系统总线相连接。

(6)使用单电源+5 V 供电。

(7)输入、输出与 TTL 电路兼容,输出能驱动一个 TIL 门和 CL=100 pF 的负载($I_{OL}=2.1\sim6$ mA,$I_{OH}\approx1.0\sim-1.4$ mA)。

(8)具有独立选片功能和三态输出。

(9)元器件具有高速与低功耗性能。

(10)读/写周期均小于 250 ns。

随机存取存储器种类很多,RAM2114A 是一种常用的静态存储器,是 RAM2114 的改进型。实验中也可使用其他型号的随机存储器。例如,6116 是一种使用较广的 2 048×8 bit 的静态随机存取存储器,它的使用方法与 RAM2114A 相似,仅多一个 DE 读选通端,当 $\overline{DE}=0$、$\overline{WE}=1$ 时,读出存储器内信息,在 $\overline{DE}=1$、$\overline{WE}=0$ 时,则把信息写入存储器。

随机存取存储器是一种快速存取的存储器,广泛应用于计算机或其他数字系统作为主存储器使用,通电后可以根据要求写入信息,并在工作过程中能不断更改其存储内容。但一旦断电,信息即全部消失。

**2. 总线缓冲器的作用**

RAM2114A 的 I/O 是一个输入、输出复用口,在计算机系统中是挂在数据总线上的。RAM2114A 的工作需要一个输入数据寄存器,以便向 RAM2114A 送入输入数据,还需要一个输出数据寄存器,使 RAM2114A 输出的数据得以暂存。两个寄存器均不能直接与 RAM2114A 相连,而是要用三态门缓冲器与 RAM2114A 相连接。这种挂在总线上起缓冲作用的三态门称为总线缓冲器,图 3.81 所示为 4 bit 总线缓冲器与 RAM2114A 的连接电路示意图,在本实验中输入数据寄存器实际上是用 4 bit 数据开关代替,向 RAM2114A 送入 BCD 码。输出数据寄存器实际上是用 BCD 码显示译码器和数码显示器(数码管)代替、直接显示 RAM2114A 输出的某个存储单元数据。

**3. 数码循环显示电路原理**

本实验是完成由年、月、日组成的 8 位数码在一个数码管上连续自动逐个显示数码的循环显示电路,简称数码循环显示电路,其原理示意图如图 3.82 所示。电路功能如下:电路先进入写入工作状态,用数据开关向 RAM2114A 写入 8 个 BCD 码数,如将年、月、日共 8 位 BCD 数码按 RAM2114A 地址顺序分别写入 RAM2114A 存储单元内;写完 8 个数据后,电路进入第二个工作状态,逐个自动循环显示 RAM2114A 内存入的数据。

本电路由 RAM2114A、地址发生器、总线缓冲器、数据开关阵列、BCD 码七段译码器、数码显示器 6 个部分组成。该电路以 RAM2114A 为核心,通过总线缓冲器将来自数据开

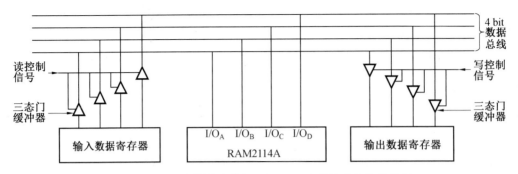

图 3.81　4 bit 总线缓冲器与 RAM2114A 的连接电路示意图

关阵列的 BCD 码送入 RAM2114A,也可以通过总线缓冲器将 RAM2114A 内的数据送到 BCD 码七段译码器;地址发生器是一个模八计数器,对存取的 8 个数据进行选址。若 CP 信号用连续信号,显示数码就能实现连续自动循环显示。

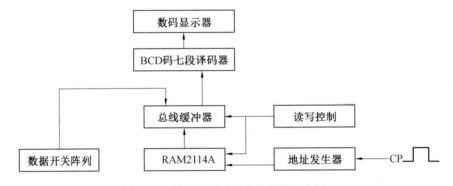

图 3.82　数码循环显示电路原理示意图

## 四、实验内容

(1)按数码循环显示电路原理设计并搭建实验电路。具体要求如下。

①将实验当日的日期(8 位数码)写入 RAM2114A 内。

②循环显示 RAM2114A 存储单元数据。

③将 RAM2114A 地址码接上 LED,监视地址码。

(2)设计并搭建一个能显示任意字形的字码循环显示电路。例如能显示 A、B、c、d、E、F⋯字符。

提示:使用两片 RAM2114A 设计该电路。

## 五、报告要求

(1)画出设计电路全图。

(2)叙述设计思想及设计过程。

(3)列出存入数据与地址码、显示字码、数码关系表。

(4)画出读、写时序波形图。

(5)叙述读、写操作步骤。

## 六、实验仪器与器材

(1)JD—2000 通用电学实验台一台。

(2)CA8120A 示波器一台。

(3)DT930FD 数字多用表一块。

(4)主要器材有 RAM2114A 两片、74LS467 两片、74LS48 一片、74LS00 一片、74LS160 一片、共阴数码管一只、逻辑开关盒一个等。

## 七、思考题

RAM2114A 有 10 个地址码输入端,实验时仅变化其中一部分,对于其他不变化的地址码输入端应做如何处理?

# 附　录

## APPENDIX

## 附录 I　常用集成电路外引线功能端排列表

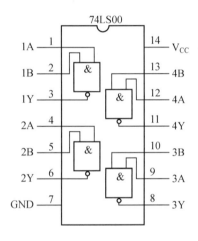

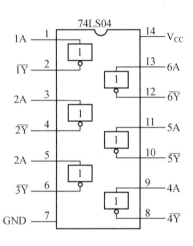

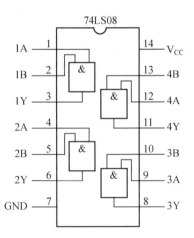

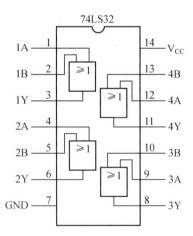

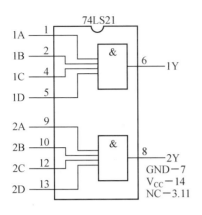

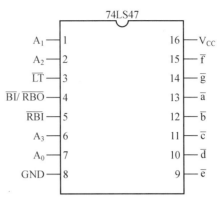

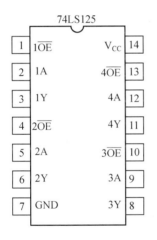

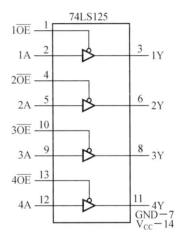

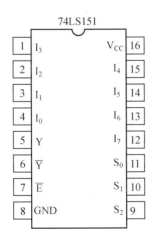

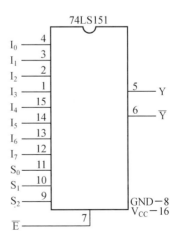

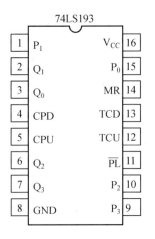

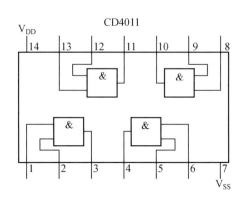

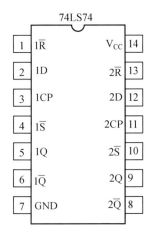

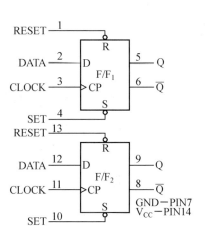

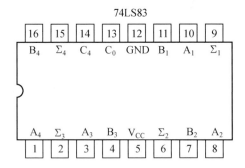

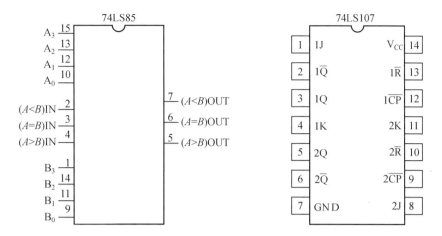

# 附录Ⅱ　QuartusⅡ快速入门

　　QuartusⅡ是 Altera 公司推出的第四代可编程逻辑器件 CPLD/FPGA 集成开发环境，具有数字逻辑设计的全部特性，提供了从设计输入到器件编程的全部功能。

　　(1)可利用原理图、结构框图、Verilog HDL、模拟硬件描述语言是(AHDL)和超高速集成电路硬件描述语言(VHDL)等多种设计输入完成电路描述，并将其保存为设计实体文件。

　　(2)芯片(电路)平面布局连线编辑。

　　(3)LogicLock 增量设计方法，用户可建立并优化系统，然后添加对原始系统的性能影响较小或无影响的后续模块。

　　(4)功能强大的逻辑综合工具。

　　(5)完备的电路功能仿真与时序逻辑仿真工具。

　　(6)定时/时序分析与关键路径延时分析。

　　(7)可使用 SignalTapⅡ逻辑分析工具进行嵌入式的逻辑分析。

　　(8)支持软件源文件的添加和创建，并将它们链接起来生成编程文件。

　　(9)使用组合编译方式可一次完成整体设计流程。

　　(10)自动定位编译错误。

　　(11)高效的元器件编程与验证工具。

　　(12)可读入标准的 EDIF(电子设计交换格式)网表文件、VHDL 网表文件和 Verilog 网表文件。

　　(13)能生成第三方 EDA(电子设计自动化)软件使用的 VHDL 网表文件和 Verilog 网表文件。

　　利用 QuartusⅡ软件的开发流程可概括为以下几步：设计输入、设计编译、设计定时分析、设计仿真和元器件编程。

　　(1)设计输入。利用 QuartusⅡ软件在 File 菜单中提供"New Project Wizard..."向导，设计者可以完成项目的创建。当设计者需要向项目中添加新的设计文件时，可以通过"New"选项选择添加。

　　(2)设计编译。QuartusⅡ编译器完成的功能有：检查设计错误、对逻辑进行综合、提取定时信息、在指定的 Altera 系列元器件中进行适配分割,产生的输出文件将用于设计仿真、定时分析及元器件编程。

(3)设计定时分析。利用 Project 菜单下的"Timing Settings..."选项,设计者能够方便地完成时间参数的设定。Quartus Ⅱ 软件的定时分析功能在编译过程结束之后自动运行,并在编译报告的 Timing Analyses 文件夹中显示,可以得到最高频率 $f_{max}$、输入寄存器的建立时间 $t_{SU}$、引脚到引脚延迟 $t_{PD}$、输出寄存器时钟到输出的延迟 $t_{CO}$ 和输入保持时间 $t_H$ 等时间参数的详细报告,从中可以清楚地判定是否达到系统的定时要求。

(4)设计仿真。Quartus Ⅱ 软件允许设计者使用基于文本的向量文件(.vec)作为仿真器的激励,也可以在 Quartus Ⅱ 软件的波形编辑器中产生向量波形文件(.vwf)作为仿真器的激励。在 Processing 菜单下选择"Simulate Mode"选项进入仿真模式,选择"Simulator Settings..."对话框进行仿真设置。在这里可以选择激励文件、仿真模式(功能仿真或时序仿真)等,单击"Run Simulator"即开始仿真过程。

(5)器件编程。设计者可以将配置数据通过通信电缆下载到元器件当中,通过被动串行配置模式或 JTAG(联合测试工作组)模式对元器件进行配置编程,还可以在 JTAG 模式下对多个元器件进行编程。

下面以二输入与门电路的设计过程为例,介绍在 Quartus Ⅱ 环境下的编程开发流程。

(1)启动 Quartus Ⅱ。启动 Quartus Ⅱ 可以看到主界面由四部分构成:工程导向窗口、状态窗口、信息窗口和用户区。Quartus Ⅱ 基本界面如附图Ⅱ.1 所示。

附图Ⅱ.1　Quartus Ⅱ 基本界面

(2)利用向导,建立一个新项目。在 File 菜单中选择"New Project Wizard..."选项启动项目向导。

①如附图Ⅱ.2 所示,分别指定创建项目的路径、项目名和顶层文件名。项目名和顶层文件可以一致也可以不同。一个项目中可以有多个文件,但只能有一个顶层文件。这里,将项目名取为"simple",顶层文件名取为"and2_gate"。

②单击"Next>"按钮,页面二是在新建的项目中添加已有文件的,本例中不需做任何操作。

③单击"Next>"按钮,进入页面三,完成元器件选择。元器件的选择是和实验平台的

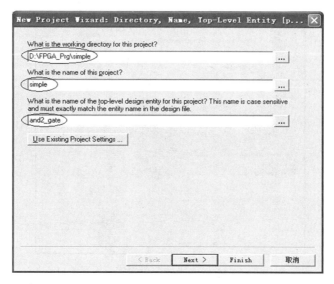

附图Ⅱ.2　QuartusⅡ项目名称、路径、顶层文件设定窗口

硬件相关的,在这里,选择的是 MAXⅡ系列型号为 EPM570T100C5 的器件,封装为 TQFP,管脚数 100,速度等级为 5,通过这些条件的限制,可以很快地在可选元器件框(Filters)中找到相应的元器件,如附图Ⅱ.3 所示。

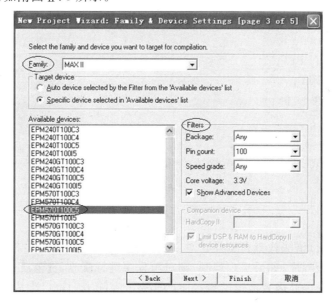

附图Ⅱ.3　QuartusⅡ中元器件选择窗口

　　④后面两步分别是对 EDA 工具的设定和项目综述,都不做任何操作。单击"Finish"按钮完成项目创建。QuartusⅡ项目设定完成综述窗口如附图Ⅱ.4 所示。

　　(3)新建一个 VHDL 文件。QuartusⅡ中包含完整的文本编辑程序(TextEditor),在此用 VHDL 来编写源程序。新建一个 VHDL 文件,可以通过快捷按钮▢,或快捷键 Ctrl＋N,或直接从 File 菜单中选择"New..."都可以,在弹出的对话框中选择"Device Design Files"中的"VHDL File",单击"OK"按钮。

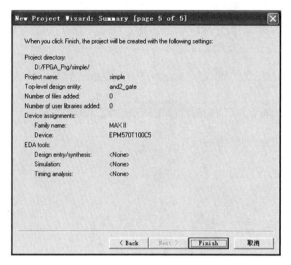

附图Ⅱ.4　QuartusⅡ项目设定完成综述窗口

（4）VHDL 程序输入。在用户区 VHDL 文件窗口中输入源程序，保存时文件名与实体名保持一致。

```
LIBRARY IEEE;
USE IEEE. STD_LOGIC_1164. All;

ENTITY and2_gate IS
    PORT(a:IN BIT;
        b:IN BIT;
        c:OUT BIT);
END and2_gate;

ArCHITECTURE behave of and2_gate IS
BEGIN
    c<=a and b;
END behave;
```

（5）对源程序进行语法检查和编译。对以上源程序进行分析综合，检查语法规范，如果没有问题则编译整个程序；如果出现问题，则对源程序进行修改，直至没有问题为止。

（6）仿真。QuartusⅡ内置波形编辑程序（waveform editor）可以生成和编辑波形设计文件，从而设计者可观察和分析模拟结果。QuartusⅡ中的仿真包括功能仿真和时序仿真，功能仿真检查逻辑功能是否正确，不含元器件内的实际延时分析；时序仿真检查实际电路能否达到设计指标，含元器件内的实际延时分析。两种仿真操作类似，只需在 Tools 菜单中选择"Simulater Tool"，在其中进行选择即可，如附图Ⅱ.5 所示。

现以时序仿真为例，介绍仿真的具体操作过程。

①新建一个波形文件。该过程与新建 VHDL 文件类似，只是在弹出页式对话框后选择"Other Files"页面的"Vector Wave form File"。

②在波形文件中加入所需观察波形的管脚。在"Name"中单击右键，选择"Insert

附图Ⅱ.5　QuartusⅡ项目仿真设定窗口

Nodeor bus…"选项,出现"Insert Nodeor bus"对话框,此时可在该对话框的 Name 栏直接键入所需仿真的管脚名,也可单击"Node Finder…"按钮,将所有需仿真的管脚一起导入。QuartusⅡ建立待仿真文件时的管脚及内部信号选择窗口如附图Ⅱ.6所示。

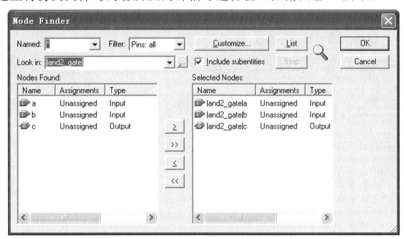

附图Ⅱ.6　QuartusⅡ建立待仿真文件时的管脚及内部信号选择窗口

　　在 Filter 下拉列表框中选择合适的选项,单击"List"按钮,将在"Nodes Found"框中列出所有符合条件的管脚,将所需仿真的管脚移至"Selected Nodes"框中,然后单击"OK"按钮进入波形仿真界面。

　　③给输入管脚指定仿真波形。分别选中输入管脚,使用波形编辑器(附图Ⅱ.7)对其输入波形进行编辑。最后保存波形文件,如附图Ⅱ.8所示。

附图Ⅱ.7　QuartusⅡ波形编辑器

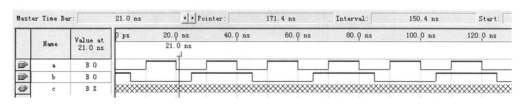

附图Ⅱ.8　QuartusⅡ中编辑完成的待仿真波形文件

④波形仿真。单击按钮,进行波形仿真,仿真产生的实际工作形如附图Ⅱ.9所示。

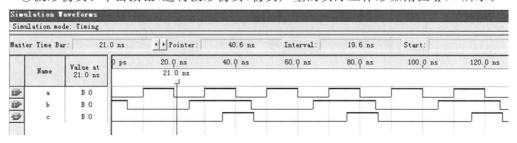

附图Ⅱ.9　QuartusⅡ仿真产生的实际工作波形

(7)分配管脚。选择 Assignment 菜单的 pins 选项,进入管脚分配界面。在管脚分配之前确定类别栏按钮,管脚过滤栏和分色显示按钮都处于有效状态,按下类别栏的"Pin"按钮。管脚分配也与实际电路密切相关。在"Node Filter"栏中单击右键,选择"Node Finder…"选项,选中所有输入输出管脚。在管脚分配栏中,将程序中的输入输出脚分配到 MAXⅡ的管脚上并保存,如附图Ⅱ.10所示。

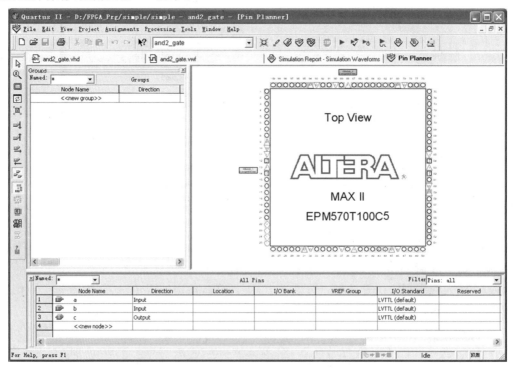

附图Ⅱ.10　QuartusⅡ项目管理中的管脚分配窗口

在管脚分配完成后,重新编译项目,系统将自动生成"∗.pof"文件。

(8)下载程序。选择 Tools 菜单下的"Programmer",弹出编程器界面如附图Ⅱ.11所示。单击"Add File"按钮,选择相应的编程文件"﹡.pof",在编程窗口中的模式选择栏中选择"JTAG"。

　　单击"Hardware Setup"按钮,弹出 Hardware 设置对话框设置下载电缆,界面如附图Ⅱ.12所示,正确安装好下载电缆便可以配置元器件了。

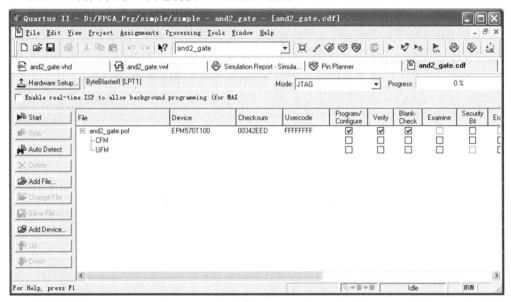

附图Ⅱ.11　QuartusⅡ项目编程器界面

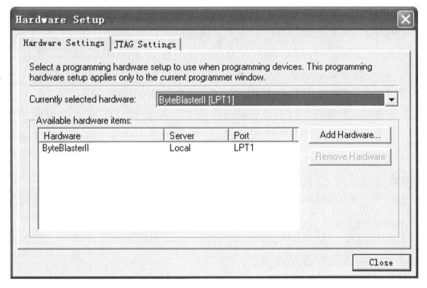

附图Ⅱ.12　QuartusⅡ下载电缆设置界面

　　单击附图Ⅱ.11中的"Start"按钮,如果配置顺利完成,那么软件将提示配置成功。观察实验结果,验证实验内容是否正确。

# 附录Ⅲ VHDL 入门教程

## 一、VHDL 程序的组成

一个完整的 VHDL 程序由以下五部分组成。

(1)库(LIBRARY)。储存预先已经写好的程序和数据的集合。

(2)程序包(PACKAGE)。声明在设计中将用到的常数、数据类型、元器件及子程序。

(3)实体(ENTITY)。声明到其他实体或其他设计的接口,即定义的输入输出端口。

(4)构造体(ARCHITECTUR)。定义实体的实现,是电路的具体描述。

(5)配置(CONFIGURATION)。一个实体可以有多个构造体,可以通过配置来为实体选择其中一个构造体。

### 1. 库

库用于存放预先编译好的程序包和数据集合体,可以用 USE 语句调用库中不同的程序包,以便不同的 VHDL 设计使用。

库调用的格式:

LIRARY 库名

USE 库名. 所要调用的程序包名. ALL

可以这样理解,库在硬盘上的存在形式是一个文件夹,如库 IEEE,就是一个 IEEE 的文件夹,可以打开 MAX PLUSR 安装源文件夹,进入 VHDL93 的文件夹,就可以看到一个 IEEE 的文件夹,这就是 IEEE 库,而里面的文件就是一个个对程序包或是数据的描述文件,可以用文本编辑器打开来查看文件的内容。如在 VHDL 程序里面经常可以看到"USE IEEE. STD_LOGIC_1164",可以这样解释这句话:本程序里要用到 IEEE 文件夹下程序包 STD_LOGIC_1164,而 STD_LOGIC_1164 是可以在 IEEE 文件夹的 STD1164. vhd 文件里面看到的,用文本打开 STD1164. vhd,可以看到有一名为"IEEE. STD_LOGIC_1164"的程序包定义。简单来说,库相当于文件夹,而程序包和数据就相当于文件夹里面的文件的内容(注意:不是相当于文件,因为程序包和数据都是在文件里面定义的,而文件名是和实体名相同的,可以说实体相当于文件)。

到了这里就可以考虑一个问题,在安装 MAX PLUS 时有多少个库是已经存在的呢?要得到这个问题的答案,可以打开安装目录下的"VHDL93"文件夹,就可以看到里面有五个文件夹,分别是 ATERA、IEEE、LPM、STD、VITAL,也就是说你看到了五个库。

(1)ATERA 功能库。增强型功能部件,即 IP 核,包括数字信号处理、通信、PCI 和其他总线接口、处理器和外设及外设的功能。

(2)IEEE 库。由 IEEE(美国电子电机工程师学会)制定的标准库。

(3)LPM 库。参数可调模块库。

(4)STD 库。符合 VHDL 标准的库。

(5)VITAL 库。VHDL 上对 asic 提供高精确度及高效率的仿真模型库。

调用库的表达有两种,一种是显式表示,就是用库和 USE 来调用库里面的程序包或数据,适用于那些不符合 VHDL 标准的库调用,如 IEEE 库;另一种是隐式表示,就是不用说明就自动调用的,适合于符合 VHDL 标准的库调用,如 STD 库,不用写明调用就已经自动调用出来了。

除了上面所介绍的库外,还有用户自定义库及 WORK 库,WORK 库是用户的 VHDL 现行工作库,从上面的理解可知,WORK 库就是用户当前编辑文件所在的文件夹,文件夹里面的其他文件里面所描述的包或数据的集合就是 WORK 库里面的包和数据的集合。由于 WORK 库自动满足 VHDL 标准,因此在应用中不必以显式预先说明(如 LIBRARYWORK 这样的定义是多余的)。

**2. 程序包**

在 VHDL 中,常量、数据类型与子程序可以在实体说明部分和结构体部分加以说明,且实体说明部分所定义的常量、数据类型与子程序在相应的结构体中是可见的(可以被使用的),但在一个实体的说明部分与结构体部分对于其他实体的说明部分与结构体部分是不可见的(注:实体相当于一个文件),程序包就是为了使一组常量说明、数据说明、子程序说明和元器件说明等内容对于多个设计实体都成为可见的而提供的一种结构,可以这样理解:一个实体(文件)里的程序包对常量等的定义在其他的实体(文件)里是可以被使用的。

程序包由包头和包体构成,包头格式:

PACKAGE 程序包名 IS

说明语句;

END 程序包名;

说明语句部分可为:USE 语句、类型定义、子程序声明(定义在包体)、常量定义、信号声明、元器件声明等。

包体格式:

PACKAGE BODY 程序包名 IS

说明语句;

END 程序包名;

说明部分用于子程序的定义。注:在包中对子程序的说明分为两部分,子程序声明放在包头,子程序的定义在包体。

实体对于程序包不是自动可见的,为了使用程序包说明的内容就必须在实体的开始加上 USE 语句(即要用 USE 来调用程序包里面所说明的东西),即使实体和程序包是在同一个文件里也要这样调用。

**3. 实体**

实体是 VHDL 设计中最基本的组成部分之一(另一个是结构体),VHDL 表达的所有设计均与实体有关。实体类似于原理图中的一个部件符号,它并不描述设计的具体功能,只是定义所需的全部输入/输出信号。

实体格式如下:

ENTITY 实体名 IS

[GENERIC (常数名:数据类型[:设定值])]　　　　——类属说明

PORT　　　　——端口说明

(端口信号名 1:模式 类型;

端口信号名 2:模式 类型;

端口信号名 3:模式 类型;

端口信号名 4:模式 类型);

END 实体名;

(1)实体名。MAXPLUSII 要求实体名必须与 VHDL 文件名相同,否则编译会出错。

(2)类属参量。用于为设计实体和其外部环境通信的静态信息提供通道,可以定义端口的大小、实体中元器件数目及实体的延时特性等。带有 GENERIC 的实体所定义的元器件称为参数化元器件,即元器件的规模或特性由 GENERIC 的常数决定,在 GENERIC 所定义的常数是可以在引用过程中修改的,因此利用 GENERIC 可以设计更加通用的元器件,弹性地适应不同的应用。

(3)端口信号名。端口信号名在实体之中必须是唯一的,信号名应是合法的标识符。

(4)端口模式。端口模式有 IN、OUT、INOUT、BUFFER 和 LINKAGE 五种类型,这五种类型在后面的章节将介绍到。

(5)端口类型。端口类型常用的有 INTEGER、STD_LOGIC、STD_LOGIC_VECTOR,有待后面章节介绍。

**4. 结构体**

所有能被仿真的实体都由结构体描述,即结构体描述实体的结构或行为,一个实体可以有多个结构体,每个结构体分别代表该实体功能的不同实现方案。

结构体格式:

ARCHITECTURE 结构体名 OF 实体名 IS

[定义语句(元器件例化);]

BEGIN

并行处理语句;

END 结构体名;

结构体名是对本结构体的命名,它是该结构体的唯一名称,虽然可以由设计人员自由命名,但一般都将命名和对实体的描述结合起来,结构体对实体描述有三种方式(括号中为命名)。

(1)行为描述(BEHAVE)。行为描述反映一个设计的功能和算法,一般使用进程 PROCESS,用顺序语句表达。

(2)结构描述(STRUCT)。结构描述反映一个设计硬件方面的特征,表达了内部元器件间连接关系,使用元器件例化来描述。

(3)数据流描述(DATAFLOW)。数据流描述反映一个设计中数据从输入到输出的流向,使用并行语句描述。

**5. 配置**

一个实体可以用多个结构体描述,具体综合时,选择哪一个结构体来综合,由配置来确定,仿真时用配置语句进行配置能节省大量时间。

配置格式:

CONFIGURATION 配置名 OF 实体名 IS

FOR 选配结构体名；

END FOR；

END CONFIGURATION；

## 二、数据类型、算符、数据对象、属性

### 1. 标识符

VHDL 标识符由大小写字母、数字和下划线构成，不区分大小写。

### 2. 数据对象

在逻辑综合中，VHDL 常用的数据对象有信号（SIGNAL）、变量（VARIABLE）及常量（CONSTANT）。

（1）信号。信号为全局变量，在程序包说明、实体说明、结构体描述中使用，用于声明内部信号，而非外部信号（外部信号为 IN、OUT、INOUT、BUFFER），其在元器件之间起互联作用，可以赋值给外部信号。

定义格式：

SIGNAL 信号名：数据类型［：＝初始值］；

赋值格式：

目标信号名＜＝表达式；

常在结构体中用赋值语句完成对信号赋初值的任务，因为综合器往往忽略信号声名时所赋的值。

（2）变量。变量只在给定的进程中用于声明局部值或用于子程序中，变量的赋值符号为"：＝"，和信号不同，信号是实际的，是内部的一个存储元器件（SIGNAL）或者是外部输入（IN、OUT、INOUT、BUFFER），而变量是虚的，仅是为了书写方便而引入的一个名称，常用在实现某种算法的赋值语句当中。

定义格式：

VARIABLE 变量名：数据类型［：＝初始值］；

（3）常量。常量为全局变量，在结构体描述、程序包说明、实体说明、过程说明、函数调用说明和进程说明中使用，在设计中描述某一规定类型的特定值不变，如利用它可设计不同模值的计数器，模值存于一常量中，对不同的设计，改变模值仅需改变此常量即可，就如上一章所说的参数化元器件。

定义格式：

CONSTANT 常数名：数据是类型：＝表达式；

信号和变量最大的不同在于，如果在一个进程中多次为一个信号赋值，只有最后一个值会起作用，而当为变量赋值时，变量值的改变是立即发生的。

### 3. 数据类型

VHDL 是一种强类型语言，对于每一个常数、变量、信号、函数及设定的各种参量的数据类型（DATA TYPES）都有严格要求，相同数据类型的变量才能互相传递和作用，标准定义的数据类型都在 VHDL 标准程序表 STD 中定义，实际使用中，不需要用 USE 语句以显式调用。

VHDL 常用的数据类型有三种:标准定义的数据类型、IEEE 预定义标准逻辑位与矢量及用户自定义的数据类型。

(1)标准定义的数据类型。

①Boolean(布尔量):取值为 FALSE 和 TRUE。

②CHARACTER(字符):字符在编程时用单引号括起来,如'A'。

③STRING(字符串):双引号括起来,如"ADFBD"。

④INTEGER(整数):整数范围从 $-(2^{31}-1)$ 到 $(2^{31}-1)$。

⑤REAL(实数):实数类型仅能在 VHDL 仿真器中使用,综合器不支持。

⑥BIT(位):取值为 0 或 1。

⑦TIME(时间):范围从 $-(2^{31}-1)$ 到 $(2^{31}-1)$,表达方法包含数字、(空格)单位两部分,如(10 ps)。

⑧BIT_VECTOR(位矢量):其于 BIT 数据的数组,使用矢量必须注明宽度,即数组中的元素个数和排列,如 SIGNALA:BIT_VECTOR(7DOWNTO0)。

⑨NATUREAL(自然数):整数的一个。

⑩POSITIVE(正整数)。

⑪SEVRITYLEVEL(错误等级):在 VHDL 仿真器中,错误等级用来设计系统的工作状态,共有四种可能的状态值,即 NOTE、WARNING、ERROR 和 FAILURE。

(2)IEEE 预定义的标准逻辑位与矢量。

①STD_LOGIC:工业标准的逻辑类型,取值为'0'、'1'、'Z'、'X'(强未知)、'W'(弱未知)、'L'(弱 0)、'H'(弱 1)、'—'(忽略)、'U'(未初始化),只有前四种具有实际物理意义,其他的是为了与模拟环境相容才保留的。

②STD_LOGIC_VECTOR:工业标准的逻辑类型集,STD_LOGIC 的组合。

(3)用户自定义的数据类型。主要有枚举类型、数组类型、记录类型等。

①枚举类型。

TYPE 数据类型名 IS(枚举文字,枚举文字……)

整数类型与实数类型是标准包中预定义的整数类型的子集,由于综合器无法综合未限定范围的整数类型的信号或变量,故一定要用 RANGE 子句为所定义整数范围限定范围以使综合器能决定信号或变量的二进制的位数。

格式:TYPE 数据类型名 IS RANGE 约束范围;(如-10 到+10)

②数组类型:

TYPE 数据类型名 IS ARRAY(下限 TO 上限)OF 类型名称

③记录类型:

TYPE 记录类型名 ISRECODE

元素名:数据类型名;

元素名:数据类型名;

……

END RECODE

**4. 运算符**

VHDL 为构造计算数值的表达式提供了许多预定义运算符,可分为四种类型,包括算术运算符、关系运算符、逻辑运算符和连接运算符。

算术运算符：＋、－、＊、／、＊＊、MOD、REM、ABS；

关系运算符：＝、/＝、＜、＜＝、＞、＞＝；

逻辑运算符：AND、OR、NOT、NAND、NOR、XOR、NOR；

连接运算符：&，将多个对象或矢量连接成维数更大的矢量。

**5. VHDL 属性**

属性是关于实体、结构体、类型及信号的一些特征，有些属性对于综合非常有用，其一般形式均为：对象'属性。

(1)数值类属性用于返回数组、块或一般数据的有关值。

一般数据的数值属性：LEFT，RIGHT，LOW，HIGH；

数组的数值属性：LENGH；

块的数值属性：BEHAVIOR，不含有元器件 COMPONENT 例化信息时返回 FALSE；STRUCTURE 含有元器件实例化或有被动进程时，则返回 TURE。（注：被动进程定义是在进程定义中没有代入语句。）

(2)函数类属性。以函数的形式，使设计人员得到有关数据类型、数组、信号的某些信息。

数据类型属性函数：POS(X)得到输入 X 值的位置序号、VAL(X)得到输入位置序号的 X 值，SUSS(X)、PRED(X)、LEFTOF(X)、RIGHTOF(X)；

数组属性函数：LEFT(N)，RIGHT(N)，HIGH(N)，LOW(N)。

(3)数据类型属性，这类属性类函数仅一个，即 BASE。

(4)数据区间类的属性，RANGE[(N)]和 REVERS_RANGE[(N)]。用户自定义的属性，格式为

ATTRIBUTE 属性名 OF 目标名：目标集合 IS

表达式以函数的形式，使设计人员得到有关数据类型。

# 三、顺序语句与并行语句

顺序语句与并行语句是 VHDL 程序设计中两大基本描述语句系列。

**1. 顺序语句**

顺序语句的特点从仿真的角度来看是每一条语句的执行按书写顺序进行，顺序语句只能出现在块语句、进程和子程序内部。顺序控制方式有两种，一种是条件控制（IF 和 CASE 语句），另一种是迭代控制（LOOP 语句和 ASSERT 语句），有 10 种基本类型。

(1)赋值语句。

赋值语句分为变量赋值和信号赋值，它们的赋值是有区别的。

首先在格式上，变量赋值格式为"变量名：＝表达式"，而信号的赋值格式为"信号名＜＝表达式"。

其次体现在所用的地方，变量说明和使用都只能在顺序语句中（进程、函数、过程和块模块），而信号的说明只能在同步语句中，但可以在顺序语句和同步语句中使用。

再次体现在赋值过程，变量的赋值是立即的，而信号的赋值的执行和信号值的更新至少

要延时,只有延时后信号才能得到新值,否则将保持原值,在进程中,信号赋值在结束时起作用。

(2)WAIT 语句。

WAIT 语句属于敏感信号激励信号,当一个进程语句含有敏感信号时,进程中不能出现 WAIT 等待语句;当进程语句不含有敏感信号时,进程语句必须含有其他形态的敏感信号激励。WAIT 语句有五种形式。

①WAIT——无限等待。

②WAIT ON(敏感信号 1,敏感信号 2,…,敏感信号 N)——敏感信号变化,表中的信号产生变化时才往下运行。

③WAIT UNTIL 布尔表达式——为 TRUE 时,进程启动,为 FARLSE 时等待。

④WAIT FOR 时间表达式——到时进程才会启动。

⑤WAIT UNTIL 布尔表达式 ON(敏感信号 1,敏感信号 2,敏感信号 N)FOR 时间表达式——多条件等待语句,注意在多条件等待语句的表达式中,至少应有一个信号量,因为处于等待进程中的变量是不可改变的。

(3)IF 语句。

IF 语句在其他编程语言也有,不用多讲,其完整的书写格式如下:

[IF 标号:] IF〈条件〉THEN

〈顺序处理语句〉;

[ELSIF〈条件〉THEN

〈顺序处理语句〉;]

……

[ELSE

〈顺序处理语句〉;]

END IF[IF 标号]

(4)CASE 语句。

CASE 语句是另一种形式的流程控制语句,可读性比 IF 的强,格式如下:

CASE〈条件表达式〉IS

WHEN〈条件取值〉=＞顺序处理语句;

WHEN〈条件取值〉=＞顺序处理语句;

WHEN〈条件取值〉=＞顺序处理语句;

WHEN OTHERS=＞顺序处理语句;

END CASE;

上面的〈条件取值〉有三种格式可选。

①条件表达式取值。

②条件表达式取值|条件表达式取值|条件表达式取值。

③条件表达式取值 TO 条件表达式取值。

(5)LOOP 语句。

LOOP 语句与其他高级编程语言中的循环语句一样,可以使程序进行有规律的循环,循环的次数受迭代算法的控制,一个 LOOP 语句可包含要重复执行的一组顺序语句,它可以执行多次或是零次。

　　LOOP 语句格式：

　　［LOOP 标号：］［重复模式］LOOP

　　〈顺序处理语句〉；

　　END LOOP［LOOP 标号］；

　　重复模式有两种，FOR 模式和 WHILE 模式。

　　①FOR 模式的 LOOP 语句。

　　格式：

　　［LOOP 标号：］FOR 循环变量 IN 离散范围 LOOP

　　〈顺序处理语句〉；

　　END LOOP［LOOP 标号］；

　　②WHILE 模式的 LOOP 语句。

　　格式：

　　［LOOP 标号：］WHILE〈条件〉LOOP

　　〈顺序处理语句〉；

　　END LOOP［LOOP 标号］；

　　(6)NEXT 和 EXIT 语句。

　　NEXT 和 EXIT 语句都是用于跳出 LOOP 循环的，NEXT 语句是用来跳出本次循环的，而 EXIT 语句是用于跳出全部循环的。

　　语法格式：

　　NEXT 或 EXIT［LOOP 标号］［WHEN 条件］

　　(7)NULL 空操作语句。

　　NULL 空操作语句书写格式为"NULL；"，唯一的作用是使程序流程运行到下一个语句，常用于 CASE 语句当中。

　　(8)RETURN 语句。

　　RETURN 语句用在一段子程序结束后，用来返回到主程序的控制语句，一般情况之下，有两种书写格式，分别如下：

　　RETURN；(只能用于进程返回)

　　RETURN 表达式；(只能用于函数返回)

　　在实际的应用中，一般的 VHDL 综合工具要求函数中只能包含一个 RETURN，并规定这条 RETURN 语句只能写在函数末尾，但一些 VHDL 综合工具允许函数中出现多个RETURN语句。

　　(9)ASSERT 断言语句。

　　ASSERT 断言语句主要用于程序仿真或调试中的人机对话，它可以给出一个文字串作为警告和错误信息，基本书写格式如下：

　　ASSERT〈条件〉；

　　REPORT〈输出信号〉；(字符串)

　　SEVERITY〈错误级别〉；(有四种 NOTE、WARNING、ERROR 和 FAILURE)

　　如果程序在仿真或调试过程中出现问题，断方语句就会给出一个文字串作为提示信息，当程序执行到断言语句时,就会对 ASSERT 条件表达式进行判断,如果返回值为 TRUE 则断言语句不做任何操作,程序向下执行;如果返回值为 FALSE,则输出指定的提示信息和出错级别。

断言语句可以分为顺序断言语句和并行断言语句。

(10)REPORT 语句。

REPORT 语句是 93 版 VHDL 标准提供的一种新的顺序语句,该语句没有增加任何功能,只是提供了某些形式的顺序断言语句的短格式,也算是 ASSERT 语句的一个精简,格式如下:

REPORT〈输出信息〉[SEVERITY〈出错级别〉]

**2. 并行语句**

并行语句在结构体中的执行都是同时进行的,即它们的执行顺序与语句的书写无关,这种并行性是由硬件本身的并行性决定的,即一旦电路接通,它的各部分就会按照事先设计好的方案同时工作,VHDL 有六种并行语句。

(1)并行信号赋值语句。

信号赋值语句相当于一个进程(用于单个信号赋值)的简化形式,用在结构体中并行执行,信号赋值语句提供了三种赋值方式,用来代替进程可令程序代码大大简化。

注:这里要注意,信号赋值语句在顺序语句里面也有,顺序语句里可以给信号赋值也可以给变量赋值,但顺序语句里只能对变量说明,不能对信号说明;并行语句刚好相反。

思考:什么变量不能在并行语句里面说明呢? 为什么信号不能在顺序语句里面说明呢? 因为信号是全局的,变量是局部的,是用来保存中间变量的。

①赋值方式一,并发信号赋值语句。

格式:

信号名<=表达式

等效于进程语句,表达式中的信号就是进程语句中的敏感激励信号(注:进程必须含有敏感激励信号,请看下面章节介绍)。

②赋值方式二,条件信号赋值语句。

格式:

目标信号<=表达式 1 WHEN 条件 1 ELSE

表达式 2 WHEN 条件 2 ELSE

表达式 3 WHEN 条件 3 ELSE

表达式 4……;

注:条件信号赋值语句与 IF 语句不同之处如下。

i. 以上条件信号赋值语句不能进行嵌套,而 IF 是可以的。

ii. 由于条件信号赋值语句是并行语句,必须用在结构体中的进程之外(进程是用顺序语句来编写的),而 IF 是顺序语句。

iii. 条件信号赋值语句 ELSE 是必须有的,而 IF 可没有。

iv. 条件信号赋值语句与实际的硬件电路十分接近,因此使用该语句要求设计人员具有硬件电路知识,而 IF 一般用来进行硬件电路的高级描述,它不要求太多的硬件电路知识。

v. 一般情况下很少用条件信号赋值语句,只有当用进程语句、IF 语句和 CASE 语句难以对电路进行描述时才用。

③赋值方式三,选择信号赋值语句。

格式如下:

WITH 选择条件表达式 SELECT

目标信号＜＝信号表达式 1 WITH 选择条件 1

信号表达式 2 WITH 选择条件 2

信号表达式 3 WITH 选择条件 3

信号表达式 4 WITH OTHERS

注:选择信号赋值语句是一种并行语句,不能在结构体中的进程内部使用。

(2)块语句。

在 VHDL 语言设计中,块语句常常用来对比较复杂的结构体做结构化描述,格式如下:

〔块标号:〕BLOCK〔卫式表达式〕

〔类属子句;〕

〔端口子句;〕

〔块说明部分;〕

BEGIN

〈块语句说明部分;〉

END BLOCK〔块标号〕;

其中,卫式表达式是一个布尔条件表达式,只有当这个表达式为 TURE 时,BLOCK 语句才被执行;类属子句是块的属性说明;块说明部分用于定义 USE、子程序、数据类型、子类型、常量、信号和元器件;块语句说明部分用于描述块的具体功能,可以包含结构块中的任何并行语句结构。

注:块语句的作用就是将一个大的结构划成一块一块小的结构。

(3)进程语句。

进程语句是一种应用广泛的并行语句,一个结构体中可以包括一个或者多个进程语句,结构体中的进程语句是并发关系,即各个进程是同时处理、并行执行的;但在第一个进程语句结构中,组成进程的各个语句都是顺序执行,在进程语句中是不能用并行语句的。

格式:

〔进程标号:〕PROCESS〔敏感信号表〕〔IS〕

〔进程语句说明部分;〕

BEGIN

〈顺序语句部分〉

END PROCESS〔进程标号〕;

注:

①敏感信号表列出了进程语句敏感的所有信号,每当其中的一个信号发生变化时,就会引起其他语句的执行,如果敏感信号表不写,那么在 PROCESS 里面必须有 WAIT 语句,由 WAIT 语句来产生对信号的敏感;而当敏感信号表存在时,就不能在 PROCESS 里再有 WAIT 语句。

②IS 可有可无,是由 93 版规定的。

③进程语句说明部分是进程语句的一个说明区,它主要用来定义进程语句所需要的局部数据环境,包括数据类型说明、子程序说明和变量说明。

④进程语句有两种存在状态,一是等待,当敏感信号没有发生变化时;一是执行,当敏感信号变化时。

(4)子程序调用语句。

子程序分为函数和过程,它们的定义属于说明语句,均可在顺序语句和并行语句里面使用,它们的调用方法不一样。函数只有一个返回值,用于赋值,可以说在信号赋值的时候就是对函数的调用;过程有很多个返回值,用于进行处理,准确地来说子程序调用语句就是过程调用语句。

(5)参数传递语句。

参数传递语句即在实体中定义的 GENERIC,可以描述不同材料和不同工艺构成的相同元器件或模块的性能参数(如延时),定义的 GENERIC 的实体称为参数化实体,由参数化实体形成的元器件在例化时具有很大的适应性,在不同的环境下,只需用 GENERIC MAP 来修改参数就可以了,使用时,在对元器件例化时加在里面就可。比如已经定义了一个 AND2 的实体,要在 EXAMPLE 里面使用 AND2,要先对 AND2 进行元器件声明,再将 AND2 例化,如下。

u0:AND2 GENERIC MAP(参数值 1,参数值 2)

PORT MAP(参数表)

(6)元器件例化语句。

一个实体就相当于元器件,元器件名就相当于实体名,元器件要实现的功能在实体里面就已经描述好。如同一个文件夹下已经有一个名为 A.VHD 的文件,如果要在另一个文件 B.VHD 里面用到 A.VHD 里面定义的功能,那么可以在 B.VHD 文件里面通过元器件声明和元器件例化来调用 A.VHD 这个元器件,总体来说,调用元器件过程就是"建立元器件—元器件声明—元器件例化",元器件调用时不用 USE 语句的,这和调用程序或类据不同。

注:元器件声明语句属说明语句,不是同步语句,以下对元器件的说明是为了更好地了解元器件的调用,元器件的实例化之前必须要有元器件声明。

元器件声明语句格式:

COMPONENT〈元器件名〉——元器件名就是文件名,即是实体名

[GENERIC〈参数说明〉;]——这就是所产的元器件参数

PORT〈端口说明〉;

END COMPONENT;

元器件例化格式:

元器件符:元器件名 GENERIC MAP(参数表)

PORT MAP(端口表)

(7)生成语句。

生成语句通常又称为 GENERATE 语句,它是一种可以建立重复结构或者是在多个模块的表示形式之间进行选择的语句,格式如下:

[生成语句标号:]〈模式选择〉GENERATE

〈并行处理语句〉；

END GENERATE［生成语句标号］；

模式选择有两种，一是 FOR 模式，一是 IF 模式。

①FOR 模式生成语句。

格式：

［生成语句标号：］FOR 循环变量 IN 离散范围 GENERATE

〈并行处理语句〉；

ENDGENERATE［生成语句标号］；

②IF 模式生成语句。

格式：

［生成语句标号：］IF〈条件〉GENERATE

〈并行处理语句〉；

END GENERATE［生成语句标号］；

（8）并行断言语句。

前面已经说过顺序断言语句，这里的断言语句是并行的，可以放在实体说明、结构体和块语句中使用，可以放在任何要观察和调试的点上，而顺序断言语句只能在进程、函数和过程中使用。其实断言语句的顺序使用格式和并行使用格式是一样的，因此断言语句是可以应用在任何场所的，格式请看顺序断言语句的说明。

思考：

①是不是所有的 VHDL 语句都可以归结为顺序语句和并行语句呢？那么子程序定义是顺序的还是并行的呢？由上面的学习可以知道，子程序可以在三个地方（程序包、结构体、进程）进行定义，而子程序在没有调用之前是不参与执行的，由此可知子程序的定义是属于说明语句，还有元器件的说明也属于说明语句，这个不用多说。因此，可以这样对 VHDL 语句进行归类：顺序语句、并行语句和说明语句。这三类语句的关系是顺语句可以用在并行语句和说明语句当中，说明语句可以用在并行语句当中，而并行语句是不能用在其他语句当中的，可以说并行语句属于一种高级形态，是语句的最终形态。

②子程序分为函数和过程，子程序的调用既可以用在顺序语句中，也可以用在并行语句中，用在顺序语句（进程或者子程序）中就称为顺序调用语句；用在并行语句（位于进程或子程序的外部）中就称为并行调用语句，并行调用语句在结构体中是并行执行的。

③区分信号与变量。信号是全局的，要在并行语句里面说明，变量是局部的，要在顺序语句里面说明；赋值格式不一样，赋值方式不一样，变量是即时赋值的，信号的赋值要到最后才生效；使用地方不一样，信号可以在并行语句里使用也可在顺序语句里使用，而变量只能在顺序语句里使用。

④区分过程和函数。过程可以具有多个返回值（准确来说不是返回值，而是这些信号在过程之中被改变），函数只有一个返回值；过程通常用来定义一个算法，而函数用来产生一个具有特定意义的值；过程中的形式参数可以有三种通信模式（输入、输出、双向），而函数中的形参只能是输入通信模式（因为函数是用来产生一个值的）；过程中可以使用赋值语句或WAIT 语句，而函数不可（因为过程是用来处理的）。

⑤为什么信号不可以在顺序语句里面进行说明呢？是因为信号是全局变量。为什么变

量不可以在并行语句里面进行说明呢？是因为变量只是对暂时数据进行局部的存储，只是一个局部的变量。

⑥信号分为两种：一是外部信号（输出输入信号），即在实体中定义的 IN、OUT、INOUT、BUFFER 和 LINKAGE；一是内部信号（连线信号），即在程序包、实体、结构体中说明的 SIGNAL，用于元器件与元器件的连接。

⑦CASE 语句、条件信号赋值语句和选择赋值语句的结构有点相似，要注意它们的书写格式。

# 附录 Ⅳ 伟福 EDA2000 型 SOPC/DSP/EDA 实验仪

## 一、伟福 EDA2000 型 SOPC/DSP/EDA 实验仪简介

南京伟福公司结合多年 EDA 开发经验，分析国内外多种 EDA 实验仪，取长补短，研发出了伟福 EDA2000 型实验仪，伟福 EDA2000 实验仪（以下简称 EDA2000 实验仪）具有以下多种特点。

（1）综合型实验仪。EDA2000 实验仪可以完成 SOPC/DSP/FPGA/EPLD/iPAC 等各种实验，并且板上自带仿真器（EDA2000），可以完成各种实验。

（2）软开放。EDA2000 采用软开放式结构，对实际电路接线固定，即能工作于高频状态，干扰、辐射也小，且对于学生来说，它又可以用软件方式按设计要求将各 I/O 管脚连接起来。

（3）逻辑分析仪。EDA2000 提供了 8 路逻辑分析仪，采样频率可达 50 MHz，采样深度达 32 K，并可指定采样的触发条件。可以将电路的工作状态采样回来，以波形的方式显示出来，让学生直观地看到电路的工作时序，查出产生错误的原因。

（4）软件连接、模式可变。由于是软开放式的结构，学生在实验或设计时，需要自己连线，EDA2000 采用"软件配置"技术，在软件上接好需要的连线，下载到实验仪即可实现接线，如果连线过程有冲突，软件还会给出提示，能有效避免接错线可能导致的实验仪故障或损坏现象。同时 EDA2000 实验仪还能够将定义好的接线保存在磁盘上，下次做实验或设计时，从盘上读出即可。其频率选择也是采用软件方式设置，无须用跳线。

（5）智能译码。EDA2000 实验仪采用智能译码技术，与软件连接技术相似，软件上设置好译码方式后，下载到实验仪上即可在实验仪实现所要求的译码电路。智能译码不是只提供几种模式供学生选择，否则如果超出了这有限的几种接线之外，学生就会束手无策。伟福的智能译码技术在安全的条件下，可以由学生任意定义接线方式，灵活多变。

（6）软、硬件结合。EDA2000 实验系统采用软、硬件结合技术，可以在计算机的软件上定义实验所要连线，下载到实验仪上即可。实验仪运行的结果可以在软件上观察到，如果想观察高速信号，就用逻辑分析仪采样，传上来进行分析。软件可以将 RAM 的数据下载到实验仪上，供实验仪做 VGA、DAC 等数据输出类实验。也可将 ADC 采样得到的数据上载到计算机的软件中，供学生分析、观察、保存。

（7）适配板与实验仪独立。EDA2000 实验仪采用 FPGA/EPLD 适配板与实验仪主体相互独立的结构，实验仪的显示译码、键盘输出均不占用适配板的资源。适配板与实验仪之

间用 I/O 管脚连接,从理论上讲,这种结构可以无限扩展FPGA/EPLD实验种类,只要在 FPGA/EPLD 适配板上将正确的 I/O 信号接到实验仪上,就可以对这种 FPGA/EPLD 进行实验和设计,加上伟福的"软件配置"技术,更是如虎添翼,不但可扩展性强,使用也灵活,不再束手束脚。采用这种相互独立的结构,可以在适配板上正对每种 FPGA/EPLD 来设计制作与芯片完全吻全的编程下载电路,使 FPGA/EPLD 的编程下载更加可靠、稳定。可编程下载元器件的种类也不会有限制了,只要有该元器件的适配板就行。用户所要做的事就是将编程并行口接到实验仪上。

(8)多种外部设备。实验仪提供了多种常用外部设备,为学生提供典型的学习电路。这些电路包括并行 ADC、串行 ADC、并行 DAC、串行 DAC、VGA、PS2 鼠标、USB、三线 EEPROM 读写控制、I2C(二线)EEPROM读写控制、8×8 显示点阵扫描、存储器读写控制等电路,这些电路真实地体现了 EDA 设计的高速、时序严格、抗干扰等特点。

(9)用户控制电路。EDA2000 实验仪提供了一个用户 CPU,并且有外围的键盘、八段数码显示器、液晶显示屏。使得学生不仅能做 EDA 的部分实验和设计,而且可以将各部分组合起来,做完整的系统级的设计。

## 二、EDA2000 硬件结构

### 1. 总体结构

EDA2000 实验仪的功能框图如附图Ⅳ.1 所示。FPGA/EPLD 为 EDA 实验适配板,通过 I/O 管脚与外部设备和配置电路连接。外部设备有喇叭(蜂鸣器)、并行 ADC (ADC0809)、串行 ADC(TLC549)、并行 DAC(DAC0832)、串行 DAC(TLC5620)、VGA 控制器、PS2 鼠标接口、三线EEPROM(93C46)、二线 EEPROM(24C02)、8×8 显示点阵、存储器。用户控制 CPU 与 EDA 适配板结合组成完整的系统。"软件配置"技术由配置电路来实现,配置电路从计算机中的 EDA2000 软件开发环境中下载配置定义。将 FPGA/EPLD 的 I/O 管脚按用户要求做相应配置,将八段数码管、发光二极管、键盘接到要接的 I/O 管脚上,如果 FPGA/EPLD 在运行状态,配置电路还会将 FPGA/EPLD 的各 I/O 管脚的状态传到计算机上,在软件界面中显示。

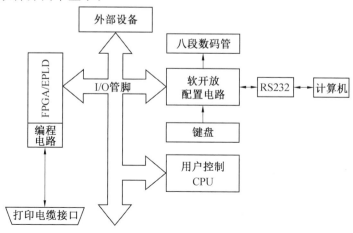

附图Ⅳ.1　EDA2000 实验仪的功能框图

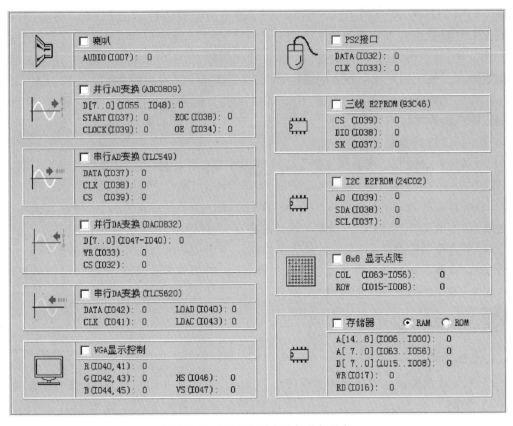

附图Ⅳ.2 EDA2000实验仪外部设备

**2.外部设备(附图Ⅳ.2)**

(1)并行 AD 变换电路。并行模数转换芯片常采用 ADC0809,ADC0809 有八路 AD 输入,本实验仪只用 IN0,所以三根地址线 ADDA、ADDB、ADDC 接到 GND,正参考电压接 VCC,负参考电压接 GND,模拟信号从 IN0 接入。一般情况下 IN0 的信号来自电位器,如果有外部模拟信号从耳机插孔"ADIN"接入,IN0 的输入信号由耳机插孔提供。IO48~IO55 接 ADC0809 的数据线 D0~D7;AD 转换启动信号和地址锁存信号 ALE 接 IO37;转换结束信号 EOC 接 IO38;转换时钟接 IO39;ADC0809 的 ENABLE 接系统控制电路。这样,平常不做 ADC 实验时,系统禁止 ADC 工作,ADC 电路输出为高阻,不会影响到其他电路。当需要做 ADC 实验时,在计算机的 EAD2000 软件中的"外部设备"窗口选中"并行 AD 变换",系统会允许 ADC 工作,转换结束后,可以在数据线上读入 AD 转换结果。更详细的使用说明可参考 ADC0809 的数据资料。

(2)串行 AD 变换电路。串行模数转换芯片采用美国 TI 公司的 TLC549,此芯片为 8 脚,用串行方式控制,在 CS 片选信号有效时,打入时钟信号,就可以读回上次变换结果并且启动下次 AC 变换。模拟量由芯片 2 脚 AN 输入,正参考电压接 VCC,负参考电压接 GND;7 脚串行时钟信号 CLK 接 IO38;6 脚串行数据信号 DATA 接 IO37;片选信号接 IO36。更详细的使用说明可参考 TLC549 数据资料,可以从 TI 公司的网站下载芯片资料。

(3)并行 DA 变换电路。并行数模变换芯片采用 DAC0832,IO40~IO47 分别接芯片的 D0~D7 数据线;芯片片选信号接 IO32;WR2、WR1 两个写接到 IO33;变换后的电流模拟量经过运放 LM324 转成电压,再用 LM324 放大在 −6 ∼ +6 V 范围内,用耳机插孔 "DAOUT"输出。更详细的使用说明请参考 DAC0832 的数据资料。

(4)串行 DA 变换电路。串行数模变换芯片采用 TI 公司的 TLC5620,芯片为 14 脚,有四通道 8 位 DA 变换器,用串行方式控制,用时钟将 DATA 线上的数据(DA 通道选择、输出范围控制、数字量)依次打入芯片,用 LOAD 信号的下降沿锁存数字量,在 LDAC 信号的下降沿,将变换结果输出。模拟量输出的参考电压接 VCC;串行数据线 DATA 接 IO42;串行时钟接 IO41;数字量锁存信号 LOAD 接 IO40;模拟量输出控制信号 LDAC 接 IO43。本实验仪只用第一路 DA 输出信号,模拟量输出接耳机插孔"DAOUT"。更详细的使用说明参考芯片资料。

(5)VGA 显示控制电路。将 IO40∼IO47 控制信号中 IO47 作为 VGA 信号的帧同步信号;IO46 为行同步信号;另外 6 路为色彩信号。其中 IO45、IO44 两位为蓝信号;IO43、IO42 两位为绿信号;IO41、IO40 两位为红信号。经过电阻网络 DA 变换后可提供多达 64 色彩色信号。

(6)PS2 接口电路。PS2 接口为串行通信接口,除了电源和接地之外,只有两根信号线,串行数据线 DATA 接 IO32,串行时钟线接 CLKIO33。通过此接口可连接 PS2 键盘或 PS2 鼠标,并对其进行控制。

(7)三线 EEPROM 读写控制电路。三线 EEPROM 采用 93C46 芯片。该芯片为 8 脚封装,片选 CS 接 IO39;串行时钟 SK 接 IO37;串行数据输出 DO 和串行数据输入 DI 接 IO38;ORG 脚接 GND。有关 93C46 详细的使用方法可参考相关数据资料。

(8)二线 EEPROM 读写控制电路。二线 EEPROM 采用 24C02 芯片,此芯片为 8 脚封装,采用 I2C 控制方式。串行时钟 SCL 接 IO37;串行数据线 SDA 接 IO38;地址线 A0 接 IO39,可在实验中用来了解 I2C 总线控制的寻址方式,其他地址接 GND;写保护脚 WP 接地,为允许写操作。24C02 更详细的使用方法请参考其数据资料。

(9)8×8 显示点阵的控制电路。8×8 显示点阵要采用扫描方式驱动,分为 8 条行线和 8 条列线,行线接 IO56∼IO63;列线接 IO8∼IO15。列线要经反相驱动后接到显示点阵上。

(10)存储器控制电路。存储芯片采用 32 K×8 bit 的 61M256,数据线接 IO8∼IO15;低八位地址线接 IO56∼IO63;高七位地址线接 IO0∼IO6;读信号接 IO16;写信号接 IO17。

(11)喇叭控制电路。IO7 脚经放大、滤波后驱动喇叭或蜂鸣器发声。控制 IO7 输出不同频率的信号,就可以在喇叭上听到音乐。

(12)用户控制 CPU。用户控制 CPU 通过 I/O 管脚与 FPGA/EPLD 相连接,可以通过 FPGA/EPLD 控制外部设备,也可以将外部设备产生的数据读回来处理。用户通过译码电路将按键、八段数码管的段码、液晶显示屏按照不同的地址分开。

## 三、FPGA/EPLD 适配板

EDA2000 实验仪采用 FPGA/EPLD 适配板与主实验仪相互独立的结构,适配板与实验仪之间用 I/O 管脚连接。FPGA/EPLD 的编程下载电路做在适配板上,这样设计制作与芯片完全吻合的编程下载电路,使 FPGA/EPLD 的编程下载更加可靠、稳定,扩展也方便。用户所要做的事就是将并行口编程电缆接到实验仪上。适配板的接线柱将 I/O 信号和 GND 信号接出,可供学生扩展使用或连接到逻辑分析仪上观察信号状态,适配板上两排接线柱所连接的信号名在适配板已有标注。实验仪与适配板之间用三组双排插针将 I/O 信号、编程信号连接起来,如附图Ⅳ.3 所示,J2、J3 为 I/O 信号及电源连接插座;J4 为编程下载信号插座。J2、J3 插座上各管脚的信号定义见随后的原理图(附图Ⅳ.4),J4 插座上 PINx 信号分别接打印接口的对应管脚。

本实验仪配备了 Altera EP1C6 适配板,如附图Ⅳ.3 所示,其布局图及实验仪 I/O 管脚与芯片管脚对应关系如附图Ⅳ.4 所示。

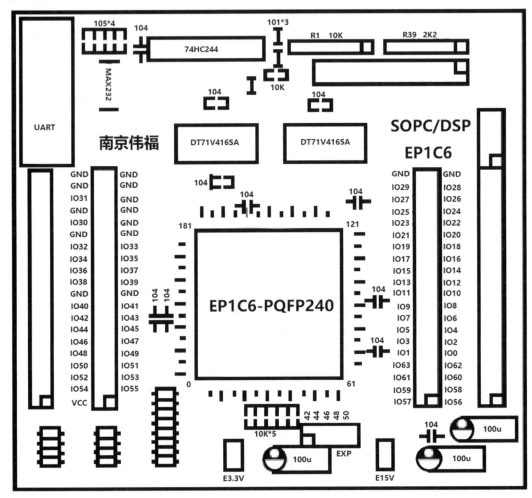

附图Ⅳ.3　Altera EP1C6 适配板

## 四、实验仪的模式设置

　　如果实验仪没有连接到计算机上,也可以用按键的方式选择实验仪的模式和两个时钟的频率。在实验仪上已存有与各种实验相对应的模式数据,用"模式选择(MODE SELECT)"按键和其他键组合来选择模式和两个时钟的频率。选择模式的方法是按住"模式选择(MODE SELECT)"键不松,八段数码管显示"——XX",其中"XX"为当前模式号,按"K7"钮模式号减 1,按"K6"钮模式号加 1,八段数码管同时显示所选择的模式号,当出现需要的模式号时,松开"模式选择(MODE SELECT)"键即可确认;选择时钟频率的方法与

选择FPGA/EPLD板 EP1C6 ▼

**组G0**

| IO号 | 管脚 | 状态 |
|------|------|------|
| I000 | P73 | |
| I001 | P74 | |
| I002 | P75 | |
| I003 | P76 | |
| I004 | P77 | |
| I005 | P78 | |
| I006 | P79 | |
| I007 | P80 | |

**组G1**

| IO号 | 管脚 | 状态 |
|------|------|------|
| I008 | P60 | |
| I009 | P59 | |
| I010 | P58 | |
| I011 | P57 | |
| I012 | P56 | |
| I013 | P55 | |
| I014 | P54 | |
| I015 | P53 | |

**组G2**

| IO号 | 管脚 | 状态 |
|------|------|------|
| I016 | P81 | |
| I017 | P82 | |
| I018 | P83 | |
| I019 | P84 | |
| I020 | P85 | |
| I021 | P86 | |
| I022 | P87 | |
| I023 | P88 | |

**组G3**

| IO号 | 管脚 | 状态 |
|------|------|------|
| I024 | P93 | |
| I025 | P94 | |
| I026 | P95 | |
| I027 | P96 | |
| I028 | P97 | |
| I029 | P98 | |
| I030 | P28 | |
| I031 | P29 | |

**组G4**

| IO号 | 管脚 | 状态 |
|------|------|------|
| I032 | P200 | |
| I033 | P201 | |
| I034 | P202 | |
| I035 | P203 | |
| I036 | P204 | |
| I037 | P205 | |
| I038 | P206 | |
| I039 | P207 | |

**组G5**

| IO号 | 管脚 | 状态 |
|------|------|------|
| I040 | P233 | |
| I041 | P234 | |
| I042 | P235 | |
| I043 | P236 | |
| I044 | P237 | |
| I045 | P238 | |
| I046 | P239 | |
| I047 | P240 | |

**组G6**

| IO号 | 管脚 | 状态 |
|------|------|------|
| I048 | P1 | |
| I049 | P2 | |
| I050 | P3 | |
| I051 | P4 | |
| I052 | P5 | |
| I053 | P6 | |
| I054 | P7 | |
| I055 | P8 | |

**组G7**

| IO号 | 管脚 | 状态 |
|------|------|------|
| I056 | P61 | |
| I057 | P62 | |
| I058 | P63 | |
| I059 | P64 | |
| I060 | P65 | |
| I061 | P66 | |
| I062 | P67 | |
| I063 | P68 | |

附图Ⅳ.4　Altera EP1C6 适配板 I/O 管脚与芯片管脚对应关系

选择模式相似,也是按住"模式选择(MODE SELECT)"键不松,按"K5"或"K4"来选择 CLK0 的频率,CLK0 时钟通过实验仪的 IO30 接到适配板上,按"K3"或"K2"键来选择 CLK1 的频率,CLK1 时钟通过实验仪的 IO31 接到适配板上,八段数码管会显示选择的频率,频率单位为 Hz,当选择好频率后,松开"模式选择(MODE SELECT)"键即可确认。为了安全起见,模式设置后,实验仪并没有立即工作,需要再次按下、松开"MODE SELECT"按钮启动,实验仪才会工作。

## 五、逻辑分析仪

EDA2000 实验仪提供了功能强大的逻辑分析仪。EDA2000 实验仪上逻辑分析仪可采样 8 路高达 50 MHz 的数字信号,并可指定采样条件,采样深度达 32 K。这样学生在设计好的电路工作时,把想要观察的高速信号采样,可以直观地看到波形的变化、先后时序关系,验证是否符合设计要求。

当需要观察某路逻辑信号状态时,将该路逻辑信号用接线接到 8 路逻辑分析仪探针中的一路,如果有多路逻辑信号需要同时观察,可同时将 8 路信号接到逻辑分析仪探针的接线柱上。如果实验仪与计算机连接好,逻辑信号的状态就可以传到计算机上。

## 六、实验仪的自检

每种适配板都提供了一个测试程序,供测试 EDA2000 实验仪和适配板是否有问题。

打开每个适配板的实验样例的目录下的"TEST.VHD",综合/编译后下载到实验仪上,按住实验仪上的"MODE SELECT"键不松,再按实验仪上的"TEST"键(即 K0 键),实验仪进行自检,先自动检测所有的 I/O 管脚,在自动检测过程中,若有 I/O 管脚连接错误,实验仪在八段数码管上显示错误信息。然后自动检测八段数码管的位和段,再手工检测 LED 发光管和键的工作是否正常:按下 K0~K8 键,该键上方所对应的 L8~L15 发光管会从亮变灭,对应的 L0~L7 发光管会从灭变亮;松开键,所对应的 L8~L15 发光管会从灭变亮,对应的 L0~L7 发光管会从亮变灭。

## 七、EAD2000 软件使用

EDA 实验仪可以通过软件来设定工作模式,并可以对设定的模式进行保存和读入,在软件界面上可以看到 I/O 管脚的当前状态,逻辑分析仪各管脚的状态。

EDA2000 软件的主界面如附图Ⅳ.5 所示,左边为系统功能选择和 I/O 管脚状态显示,如模式文件的打开和保存,软件与硬件的连接等。右边为实验仪功能化的窗口显示,分结构框图窗口、逻辑分析窗口、存储器窗口、I/O 管脚定义窗口四部分。在结构框图窗口中,可以将八段数码管、发光二极管、键盘连接到所要观察的 I/O 管脚,以便在各种工作模式情况下将 I/O 管脚的状态直观地显示出来,并可以随时改变 I/O 管脚的连接状态;在逻辑分析窗口中,可以用高达 50 MHz 的频率采样 FPGA 或 EPLD 的工作波形,使其在逻辑分析窗口中以波形显示,供学生分析电路的工作情况,即使不采样波形信号,实验仪也会向计算机回传逻辑探针的状态,这就可以将逻辑分析仪作为逻辑笔来用,用来观察低速的信号。

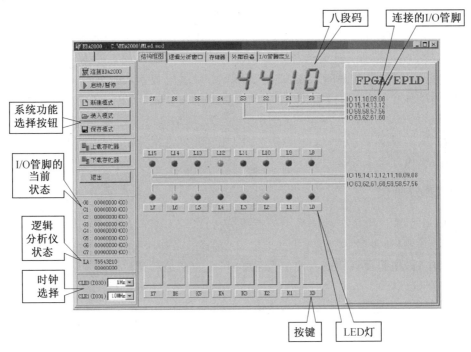

附图Ⅳ.5 EDA2000 软件的主界面

实验仪还提供了一个 32 K 存储器,用于 FPGA/EPLD 对存储器的访问实验,在存储器器窗口中,可以对 32 K 的 RAM 进行填充、移动、从文件读入、写到文件中等操作。这些数据可下载到实验仪上,也可以从实验仪上载数据到存储器窗口,这样在做 ADC、DAC、VGA 实验时就可以提供不同数据。ADC、DAC 等外部设备的工作情况可以在外部设备窗口中设定、修改。

　　因为有些外部设置使用相同的 I/O 管脚,在设置时若有冲突,软件会给出提示。在 I/O 管脚定义窗口中,可以观察各种 FPGA/EPLD 的管脚与 I/O 管脚之间的对应关系,以及各管脚的当前状态。

　　(1)连接 EDA2000。EDA2000 连接界面如附图Ⅳ.6 所示,设置软件与 EDA 实验仪的串行口连接。当正确连接到实验仪后,此按钮处于下陷状态,图标为"绿勾",表示连接正确;若选择串行口不对,或实验仪没接电,软件与 EDA 实验仪不能正确通信,此按钮会自动弹起,图标为"红叉"。

附图Ⅳ.6　EDA2000 连接界面

　　(2)启动/暂停。启动/暂停界面如附图Ⅳ.7 所示,下载实验仪工作模式,启动 EAD2000 实验仪。启动状态为按钮下陷,图标为"||",表示处于运行状态,当按钮弹起,图标为">",表示处于暂停状态。在实验仪工作时,若改变了工作模式,可能会引起实验仪和 EDA2000 适配板的故障,为了安全起见,软件会自动将实验仪暂停,当模式完全设置好后,按此键重新启动实验仪。

　　(3)新建模式。清除原有的模式中的设置,新建模式界面如附图Ⅳ.8 所示,建立一个新的空模式,让用户重新建立 I/O 管

附图Ⅳ.7　启动/暂停界面

脚的连接关系、定义模式。新建模式时,原有的八段数码管、发光二极管、键盘的属性、连接关系会被自动清除。

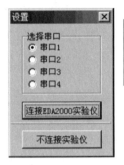

附图Ⅳ.8 新建模式界面

(4)装入模式。打开已有的模式设置文件。当模式文件出错或不存在时,软件会建立一个新模式,让用户重新定义。模式文件的缺省后缀为"＊.MOD"。

(5)保存模式。已定义好连接的模式保存到文件中,以便下次打开。

(6)上载存储器。将 EDA 实验仪的存储器的内容上载到计算机的软件中。用此功能可以将实验仪 ADC 采样到的数据回传到计算机,在 EDA2000 软件的存储器窗口显示,对数据进行分析。可以用存储器的"写文件"功能将数据保存,便于下次分析比较。

(7)下载存储器。将计算机 EDA2000 软件的存储器窗口的内容下载到 EDA2000 实验仪的存储器中。用此功能可以将图像数据文件下载到实验仪,用 VGA 来显示,也可以将 DAC 所需的数据传到实验仪,用 DAC 转换成模拟量输出。对不同的应用,EDA2000 软件的存储器窗口可从盘上读取不同的数据文件。

(8)退出。退出 EAD2000 软件环境。

实验仪共有 64 路 I/O,分 8 组,每组 8 路,在附图Ⅳ.6 中 G0～G7 表示 8 个组,各组 I/O 管脚的当前状态可以实时观察到,后面括号中为该组 8 路信号的十六进制值。64 路 I/O 管脚的状态还可以从"I/O 管脚定义"窗口中观察到,在该窗口中可以选择不同的 EDA 适配板,看到各个 EDA 适配板的每个 I/O 管脚对应的 FPGA/EPLD 的实际管脚。

实验仪提供了 8 路逻辑分析仪,最高采样频可达 50 MHz,这 8 路逻辑探针还可以作为逻辑笔来观察慢速信号。附图Ⅳ.6 中,LA 显示的是逻辑分析仪的当前状态,通过这里可以观察一些变化较慢的信号,把逻辑分析仪当逻辑笔来用。要想观察高速的逻辑信号,就要在逻辑分析窗口里,对信号实时采样,分析采样到的数据。逻辑分析仪的使用将在后面介绍。

实验仪提供了两路时钟,用软件的方式进行选择,而无须硬件跳线。供选择的时钟共有 50 MHz、25 MHz、10 MHz、1 MHz、100 kHz、10 kHz、1 kHz、100 Hz、10 Hz、1 Hz 10 种。两路时钟信号固定接到 IO30 和 IO31,在连接到 EDA 适配板时,这两个时钟作为 FPGA/EPLD 的全局时钟输入,方便设计需要。

EAD2000 实验仪为半开放式结构,采用软、硬件结合,智能化软接线方式,用户在软件上设置、连接,下载到实验仪上,就可以将 I/O 管脚经设定的译码电路接到显示器件(八段数码管、发光二极管)上,这样就可以直接观察 I/O 管脚状态,学生无须在开始做 EDA 设计时先做译码电路,也不需要手工连接很多繁杂接线。做不同的 EDA 设计,只要在软件中按设计需要任意定义不同的 I/O 管脚连接,灵活多变,而不是让学生在固定的几种模式中选择,自己定义的连接可以保存到盘上,供下次实验时使用。结构框图窗口如附图Ⅳ.10所示,在此窗口中可以将八段数码管、发光二极管、键盘连接到 I/O 管脚上,直观地观察 I/O 管脚状态。八段数码管有两连接方式:四位数据经译码后显示成十六进制值以及八位数据直接驱动八段数码码。发光二极管也有两种连接方式:直接接到 I/O 管脚、显示该 I/O 管脚的高低状态以及连接到相应的键盘上,显示相应键盘的值。发光二极管有四种颜色可选。键盘有四种输出方式:常低(上升沿)、常高(下降沿)、高/低反转、四位计数器。在器件(八段数码管、发光二极管、键盘)上按下鼠标右键可以改变该器件的属性,这些属性包括是否连接到 I/O 管脚、所连接 I/O 管脚号、连接方式、显示的颜色、器件标记名称等。设置完成后,会在右边的"FPGA/EPLD"上显示出该器件连接的 I/O 管脚号,若器件的某些脚没有接 I/O 信号,会以"="显示。如果软件已经连接到 EDA 实验仪,在此界面上按键,同样可以控制实验仪,也会将实验仪上显示结果回传到软件界面显示出来。

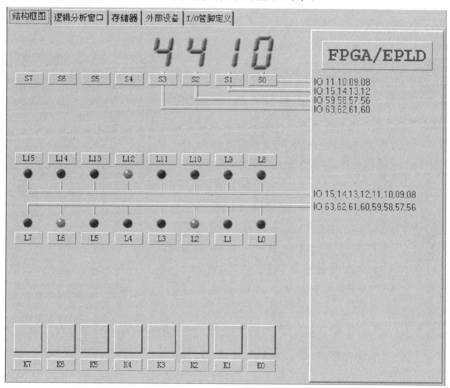

附图Ⅳ.9　结构框图窗口

在八段数码管上按下鼠标右键,就会出现如附图Ⅳ.11 的八段数码管属性设置对话框,在"连接类型"中有三种选择:不连接、4-16 译码器、8 段发光管。当选择"不连接"时,此八段数码管不接到任何 I/O 管脚上;当选择"4-16 译码器"时,会有 4 位信号经过译码到八段数码管显示(附图Ⅳ.10(a)),4 位输入的信号为 Bit3~Bit0,可以用下拉菜单选择 4 位信号各自连接的 I/O 管脚,其中的某位也可以选择"不连接"方式,这时此位不接 I/O 管脚,译码时按照低电平译码。"信号名"为此八段数码管的标记名,显示在软件上便于识别;当选择"八段发光管"时,会有 8 位数据显示在八段数码管的相应位置,如图Ⅳ.10(b)所示,8 位数据对应 Seg a~Seg h 段,用下拉菜单选择各自连接的 I/O 管脚,如果某段选择了"不连接"

方式,那么该段不接到任何 I/O 管脚,此段对应的发光管不亮。

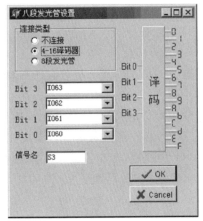

(a) 八段管为4-16译码       (b) 八段管为8段直接驱动

附图Ⅳ.10 八段数码管属性设置对话框

在发光二极管上按下鼠标右键,出现如附图Ⅳ.11所示的发光二极管属性设置对话框,在"连接类型"中有三项选择:不连接、连接到对应键、连接到 I/O。当选择"不连接"时,此发光二极管不接到任何 I/O 管脚上,软件中以银白色显示此发光二极管;当选择"连接到对应键"时,就将此发光二极管接到实验仪下方的对应的键盘上,此时发光二极管显示的是键盘所连接 I/O 管脚的值(参见随后键盘设置说明);当选择"连接到 I/O"时,可用下拉菜单选择所连接的 I/O 管脚,I/O 管脚的状态就会在此发光二极管上显

附图Ⅳ.11 发光二极管属性设置对话框

示出来。在软件上发光二极管有 4 种颜色可供选择,分别为红色、绿色、蓝色、黄色,可用下拉菜单选择。信号名处填上此发光二极管的名称,在观察信号时便于识别。

在键盘上按下鼠标右键,会出现如附图Ⅳ.12 所示的键盘属性设置对话框,有 5 种连接类型:不连接、上升沿(常低)、下降沿(常高)、高/低、4 位计数器。当选择"不连接"时,键盘不接到任何 I/O 管脚上;当选择"上升沿(常低)"时,可以用下拉菜单选择连接的 I/O 管脚,此 I/O 管脚的状态为常低,当按下键盘时,产生一个上升沿,I/O 管脚变高,当松开键盘时,I/O 管脚恢复低,产生一个下降沿,如果有发光二极管对应接到此键,当 I/O 管脚高时,发光二极管就亮,反之不亮;当选择"下降沿(常高)"时,用下拉菜单选择此键连接的 I/O 管脚,此 I/O 管脚的状态为常高,当按下键盘时,产生一个下降沿,I/O 管脚状态变低,松开键盘时,I/O 管脚恢复高状态,产生一个上升沿,如果有发光二极管

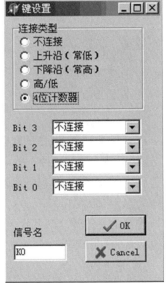

附图Ⅳ.12 键盘属性设置

对应接到此键,当 I/O 管脚高时,发光二极管就亮,反之不亮;当选择"高/低"时,用下拉菜单选择键盘所连接的 I/O 管脚,当按下键盘时,I/O 管脚的状态翻转一次,原来 I/O 管脚为高按键后变为低,若原来 I/O 管脚为低,按键后变为高,松开键盘 I/O 管脚状态不会发生变化,若有发光二极管接到此键,当 I/O 管脚为高时发光二极管亮,I/O 管脚为低时,发光二极管不亮;当选择"4 位计数器"时,键盘模拟一个 4 位的计数器,每按键一次,计数器加 1,此时键盘有 4 位输出,接到 4 个 I/O 管脚上,用下拉菜单选择计数器各位所连接的 I/O 管脚,如果其中某位选择了"不连接",则计数器的相应位就不会输出。若有发光二极管接到此类键,当计数器值为 0 时(所有 4 位都为低),发光二极管不亮,计数器值在 1～15 时,发光二极管为亮。

　　EDA2000 实验仪连接了很多外围电路,如附图Ⅳ.13 所示,包括 AD 变换、DA 变换、VGA 控制、PS2 鼠标、E2PROM、8×8 显示点阵、存储器等,这些设备可能会共用相同的I/O管脚,为避免发生冲突,在软件上要设置好,如果有冲突应加以提示。外部设备窗口就对这些电路提供了管理功能。在做实验时,若要使用某个外部设备,在该设备前的框内选中即可,如果其他外部设备与该设备使用相同的 I/O 管脚,软件会给出警告。若设备被选中,且实验仪为运行状态,可即时看到该设备所连接的 I/O 管脚的状态。

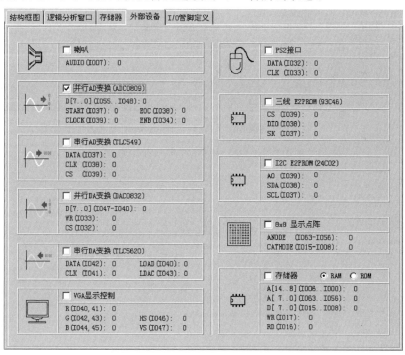

附图Ⅳ.13　外围电路

　　EDA2000 实验仪有 64 个 I/O 管脚,各管脚定义如附图Ⅳ.14 所示,分别对应于不同EDA 适配板上的 FPGA/EPLD 的管脚,在 I/O 管脚定义窗口中,可用下拉菜单选择 EDA适配板,当选择好 EDA 适配板后,I/O 管脚与 FPGA/EPLD 芯片的管脚对应关系以分组的方式显示出来,当实验仪置于运行状态时,还可以实时观察到该管脚的状态。

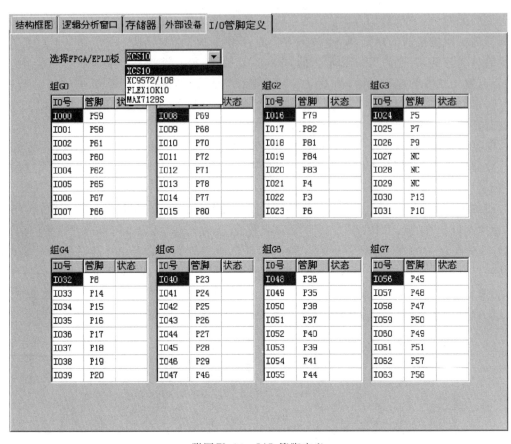

附图Ⅳ.14　I/O管脚定义

# 参 考 文 献

[1] 包亚萍.数字逻辑设计与数字电路和实验技术[M].北京:知识产权出版社,2012.

[2] 王永军,李景华.数字逻辑与数字系统[M].北京:电子工业出版社,2005.

[3] 邵时.数字电路设计与实践[M].上海:华东师范大学出版社,2003.

[4] 朱正伟.数字电路逻辑设计[M].北京:清华大学出版社,2006.

[5] 沈建国,雷剑虹.数字逻辑与数字系统基础[M].北京:高等教育出版社,2004.

[6] 张亦华,延明,肖冰.数字逻辑设计实验技术与 EDA 工具[M].北京:北京邮电大学出版社,2003.

[7] 江国强.现代数字逻辑电路[M].北京:电子工业出版社,2002.

[8] 王尔乾,杨士强,巴林凤.数字逻辑与数字集成电路[M].2 版.北京:清华大学出版社,2002.

[9] 刘真,李宗伯,文梅,等.数字逻辑原理与工程设计[M].北京:高等教育出版社,2013.

[10] 绳广基.数字逻辑电路设计与实验[M].上海:上海交通大学出版社,1988.

[11] 徐莹隽,常春.数字逻辑电路设计实践(BZ)[M].北京:高等教育出版社,2008.